岩土工程勘察施工 与环境地质保护研究

刘学友 曹 雷 季 鑫 主编

哈尔滨出版社
HARBIN PUBLISHING HOUSE

图书在版编目（CIP）数据

岩土工程勘察施工与环境地质保护研究 / 刘学友，
曹雷，季鑫主编 . — 哈尔滨 ： 哈尔滨出版社，2023.1
　ISBN 978-7-5484-6837-0

　Ⅰ . ①岩… Ⅱ . ①刘… ②曹… ③季… Ⅲ . ①岩土工
程－地质勘探－研究②岩土工程－工程地质环境－环境保
护－研究 Ⅳ . ① TU412 ② TU4 ③ X141

　中国版本图书馆 CIP 数据核字（2022）第 197089 号

书　　名：岩土工程勘察施工与环境地质保护研究
　　　　　YANTU GONGCHENG KANCHA SHIGONG YU HUANJING DIZHI BAOHU YANJIU

作　　者：刘学友　曹　雷　季　鑫　主编
责任编辑：张艳鑫
封面设计：张　华
出版发行：哈尔滨出版社（Harbin Publishing House）
社　　址：哈尔滨市香坊区泰山路 82-9 号　邮编：150090
经　　销：全国新华书店
印　　刷：河北创联印刷有限公司
网　　址：www.hrbcbs.com
E - mail：hrbcbs@yeah.net
编辑版权热线：（0451）87900271　87900272
开　　本：787mm×1092mm　1/16　印张：10.75　字数：211 千字
版　　次：2023 年 1 月第 1 版
印　　次：2023 年 1 月第 1 次印刷
书　　号：ISBN 978-7-5484-6837-0
定　　价：68.00 元

凡购本社图书发现印装错误，请与本社印制部联系调换。
服务热线：（0451）87900279

编委会

主　编

刘学友　青岛地质工程勘察院（青岛地质勘查开发局）

曹　雷　青岛地质工程勘察院（青岛地质勘查开发局）

季　鑫　山东省物化探勘查院

副主编

陈义桂　青岛地质工程勘察院（青岛地质勘查开发局）

董英伟　山东省地质矿产勘查开发局第四地质大队（山东省第四地质矿产勘查院）

高彩凤　青岛地矿岩土工程有限公司

王　春　青岛地质工程勘察院（青岛地质勘查开发局）

王连东　山东省第四地质矿产勘查院

闫怀进　青岛地质工程勘察院（青岛地质勘查开发局）

杨建河　山东省第五地质矿产勘查院

张文清　青岛地质工程勘察院（青岛地质勘查开发局）

张永强　青岛地质工程勘察院（青岛地质勘查开发局）

前　言

随着社会经济的不断发展，我国建筑工程行业发展迅速，新建工程项目数量日益增多，工程建设施工逐渐向规范化、标准化方向发展，对于岩土工程勘察工作的科学性和实效性，也提出了更高的标准要求。

岩土工程勘察是现代建筑工程进行工程设计和工程施工的重要基础，承载着测量、提供详细地质资料和真实技术参数的重要职责，如岩土工程勘察存在质量问题，则会直接降低工程施工的经济性、安全性和可行性。此外，随着我国城市化建设进程的不断加快，现代建筑工程面临的岩土地形地质条件越来越复杂，对于岩土工程勘察工作质量，也提出了更新、更高的标准要求。

但就现代工程项目而言，岩土工程勘察是其重要的基础工作，负责为工程设计和地基处理提供直接的地质参考资料和技术参数。如岩土工程勘察质量不达标，就会直接影响工程的顺利施工和施工质量。目前，国内岩土工程勘察工作实施过程中，仍存在一定的问题和不足，岩土工程勘察数据的科学性和准确性得不到有效的保障，很大程度上制约着我国建筑行业的进一步发展。因此，对岩土工程的勘察施工值得深入研究和探讨。

目　录

第一章　岩土工程勘察认知

岩土工程勘察是各类工程建设中重要的必不可少的工作，是建筑工程设计和施工的基础。由于工程类别不同、工程规模大小不同，勘察设计、施工要求也有所不同，岩土工程勘察工作质量好坏，将直接影响到建设工程效应。预备知识学习就是要初学者了解进行岩土工程勘察工作所必备的勘察基本常识、基本技术要求和所依据的规范及标准，为进一步学习岩土工程勘察相关知识和掌握勘察基本技能做好铺垫，为今后更好地开展岩土工程勘察工作和工程建设服务奠定良好基础。

第一节　岩土工程勘察基本知识

一、岩土工程及岩土工程勘察

1. 岩土工程

（1）岩土工程的含义

岩土工程是欧美国家于20世纪60年代在土木工程实践中建立起来的一种新的技术体制，是解决岩体与土体工程问题，包括地基与基础、边坡和地下工程等问题的一门学科。

岩土工程是以土力学、岩石力学、工程地质学和基础工程学的理论为基础，由地质学、力学、土木工程、材料科学等多学科相结合形成的边缘学科，同时又是一门地质与工程紧密结合的学科，主要解决各类工程中关于岩石、土的工程技术问题。就其学科的内涵和属性来说，属于土木工程的范畴，在土木工程中占有重要的地位。

（2）工作内容及研究对象

按照工程建设阶段划分，岩土工程可分为：岩土工程勘察、岩土工程设计、岩土工程治理、岩土工程监测、岩土工程检测。

岩土工程的研究对象是岩土体，主要包括岩土体的稳定性、地基与基础、地下工程及岩土体的治理、改造和利用等。这些研究通过岩土工程勘察、设计、施工与监测、地质灾害治理及岩土工程监理六个方面来实现。

在我国建设事业快速发展的带动下，岩土工程技术也取得了长足的进步。无论是岩土力学的理论研究，还是在岩土工程勘察测试技术、地基基础工程、岩土的加固和改良等方面都取得了十分明显的进步，许多方面已经达到或接近国际先进水平。但我们与发达国家之间还存在一定差距，需要中国岩土工作者继续努力。

2. 岩土工程勘察

岩土体作为一种特殊的工程材料，不同于混凝土、钢材等人工材料。它是自然的产物，随着自然环境的不同而不同，从而表现出不同的工程特性。这就造成了岩土工程的复杂性和多变性，而且土木工程的规模越大，岩土工程问题就越突出、越复杂。在实际工程中，岩土问题、地基问题往往是影响投资和制约工期的主要因素，如果处理不当，就可能会带来灾难性的后果。随着人类土木工程规模的不断扩大，岩土工程有了不同的分支学科，岩土工程勘察就是岩土工程学科的一门重要的分支学科。

岩土工程勘察是根据建设工程的要求，查明、分析、评价建设场地的地质、环境特征和岩土工程条件，编制勘察文件的活动。

岩土工程勘察为满足工程建设的要求，具有明确的工程针对性和需要一定的技术手段，不同的工程要求和地质条件，应采用不同的技术方法。

任何一项土木工程在建设之初，都要进行建筑场地及环境地质条件的评价。根据建设单位的要求，对建筑场地及环境进行地质调查，为建设工程服务，最终提交岩土工程勘察报告的过程就是岩土工程勘察的主要工作内容。

根据工程项目类型的不同可分为房屋建筑勘察、水利水电工程勘察、公路工程和铁路工程勘察、市政工程勘察、港口码头工程勘察等；根据地质环境的地质条件不同可分为不良地质现象的勘察和特殊土的勘察等。

二、岩土工程勘察的目的和任务

1. 岩土工程勘察的目的

岩土工程勘察是岩土工程技术体制中的一个首要环节，是指根据建设工程的要求，查明、分析、评价建设场地的地质、环境特征和岩土工程条件，编制勘察文件的活动。各项工程建设在设计和施工之前，必须按基本建设程序进行岩土工程勘察。其目的就是查明建设场地的工程地质条件，解决工程建设中的岩土工程问题，为工程建设服务。

不同于一般的地质勘查，岩土工程勘察需要采用工程地质测绘与调查、勘探和取样、原位测试、室内实验、检验和检测、分析计算、数据处理等技术手段，其勘察对象包括岩土的分布和工程特征、地下水的赋存及其变化、不良地质作用和地质灾害等地质、环境特征和岩土工程条件。

传统的工程地质勘查主要任务是取得各项地质资料和数据，提供给规划、设计、施工和建设单位使用。具体地说，工程地质勘查的主要任务有：

（1）阐明建筑场地的工程地质条件，并指出对工程建设有利和不利因素。

（2）论证建筑物所存在的工程地质问题，进行定性和定量的评价，做出确切结论。

（3）选择地质条件优良的建筑场地，并根据场地工程地质条件对建筑物平面规划布置提出建议。

（4）研究工程建筑物兴建后对地质环境的影响，预测其发展演化趋势，提出利用和保护地质环境的对策和措施。

（5）根据所选定地点的工程地质条件和存在的工程地质问题，提出有关建筑物类型、规模、结构和施工方法的合理建议，以及保证建筑物正常施工和使用应注意的地质要求。

（6）为拟定改善和防止不良地质作用的措施方案提供地质依据。

岩土工程是以土体和岩体作为科研和工程实践的对象，解决和处理建设过程中出现的所有与土体或岩体有关的工程技术问题。岩土工程勘察的任务不仅包含传统工程地质勘查的所有内容，即查明情况，正确反映场地和地基的工程地质条件，提供数据，而且要求结合工程设计、施工条件进行技术论证和分析评价，提出解决岩土工程问题的建议，并服务于工程建设的全过程，以保证工程安全，提高投资效益，促进社会和经济的可持续发展。其整体功能是为设计、施工提供依据。

建筑场地岩土工程勘察，包括工程地质调查与勘探、岩土力学测试、地基基础工程和地基处理等内容。

2. 岩土工程勘察的任务

（1）基本任务

就是按照工程建设所处的不同勘察阶段的要求，正确反映工程地质条件，查明不良地质作用和地质灾害，精心勘察、进行分析，提出资料完整、评价正确的勘察报告。为工程的设计、施工以及岩土体治理加固、开挖支护和降水等工程提供工程地质资料和必要的技术参数，同时对工程存在的有关岩土工程问题做出论证和评价。

（2）具体任务

1）查明建筑场地的工程地质条件，对场地的适宜性和稳定性做出评价，选择最优的建筑场地。

2）查明工程范围内岩土体的分布、形状和地下水活动条件，提供设计、施工、整治所需的地质资料和岩土工程参数。

3）分析、研究工程中存在的岩土工程问题，并做出评价结论。

4）对场地内建筑总平面布置、各类岩土工程设计、岩土体加固处理、不良地质现象整治等具体方案做出论证和意见。

5）预测工程施工和运营过程中可能出现的问题，提出防治措施和整治建议。

3. 重要术语

（1）工程地质条件

工程地质条件是指与工程建设有关的各种地质条件的综合。这些地质条件包括拟建场地的地形地貌、地质构造、地层岩性、水文地质条件、不良地质现象、人类工程活动和天然建筑材料等方面。

工程地质条件的复杂程度直接影响工程建筑物地基基础投资的多少以及未来建筑物的安全运行。因此，任何类型的工程建设在进行勘察时必须首先查明建筑场地的工程地质条件，这是岩土工程勘察的基本任务。只有在查明建筑场地的工程地质条件的前提下，才能正确运用土力学、岩石力学、工程地质学、结构力学、工程机械、土木工程材料等学科的理论和方法对建筑场地进行深入细致的研究。

（2）岩土工程问题

岩土工程问题是拟建建筑物与岩土体之间存在的、影响拟建建筑物安全运行的地质问题。岩土工程问题因建筑物的类型、结构和规模的不同以及地质环境的不同而异。

岩土工程问题复杂多样。例如，房屋建筑与构筑物主要的岩土工程问题是地基承载力和沉降问题。由于建筑物的功能和高度不同，对地基承载力的要求差别较大，允许沉降的要求也不同。此外，高层建筑物深基坑的开挖和支护、施工降水、坑底回弹隆起及坑外地面位移等各种岩土工程问题较多。而地下洞室主要的岩土工程问题是围岩稳定性问题，除此之外，还有边坡稳定、地面变形和施工涌水等问题。

岩土工程问题的分析与评价是岩土工程勘察的核心任务，在进行岩土工程勘察时，对存在的岩土工程问题必须给予正确的评价。

（3）不良地质现象

不良地质现象是指能够对工程建设产生不良影响的动力地质现象，主要是指由地球内外动力作用引起的各种地质现象，如岩溶、滑坡、崩塌、泥石流、土洞、河流冲刷以及渗透变形等。

不良地质现象不仅影响建筑场地的稳定性，也对地基基础、边坡工程、地下洞室等具体工程的安全、经济和正常使用产生不利影响。因此，在复杂地质条件下进行岩土工程勘察时必须查明它们的规模大小、分布规律、形成机制和形成条件、发展演化规律和特点，预测其对工程建设的影响或危害程度，并提出防治的对策与措施。

三、岩土工程勘察的重要性

1. 工程建设场地选择的空间有限性

我国是一个人口众多的国家，良好的工程建设场地越来越有限，只有通过岩土工程勘察，查明拟建场地及其周边地区的水文工程地质条件，对现有场地进行可行性和稳定性论证，对场地岩土体进行改造和再利用，才能满足目前我国工程建设场地的要求。

2. 建设工程带来的岩土工程问题日益凸显

随着我国基础建设的发展，房屋建筑向空中和地下发展，南水北调、北煤南运、西气东送、高楼林立、高速公路等带来的地基沉降、基坑变形、人工边坡、崩塌和滑坡等各种岩土工程地质问题日益突出，因此要求岩土工程勘察必须提供更详细、更具体、更可靠的有关岩土体整治、改造和工程设计、施工的地质资料，对可能出现或隐伏的岩土工程问题进行分析评价，提出有效的预防和治理措施，以便在工程建设中及时发现问题，实时预报，及早预防和治理，把经济损失降到最小。

我国是一个地质灾害多发的国家，特殊性岩土种类众多，存在的岩土工程问题复杂多样。工程建设前，进行岩土工程勘察，查明建设场地的地质条件，对存在或可能存在的岩土工程问题提出解决方案，对存在的不良地质作用提前采取防治措施，可以有效防止地质灾害的发生。同时，岩土工程勘察所占工程投资比例甚低，但可以为工程的设计和施工提供依据和指导，以正确处理工程建筑与自然条件之间的关系。充分利用有利条件，避免或改造不利条件，减少工程后期处理费用，使建设的工程能更好地实现多快好省的要求。由此可见，工程建设过程中，岩土工程勘察工作显得相当重要。

3. 国家经济建设中的重要环节

各项工程建设在设计和施工之前必须按基本建设程序进行岩土工程勘察，岩土工程勘察的重要性和其质量的可靠性越来越为各级政府所重视。《中华人民共和国建筑法》《建设工程质量管理条例》《建设工程勘察设计管理条例》《实施工程建设强制性条文标准监督规定》和《建设工程勘察质量管理办法》等法律、法规对此都有规定。对于勘察的建筑工程来说，工程勘察直接影响着建筑物的质量，决定了建筑物的安全、稳定、正常使用及建筑造价。因此，学习这门课程以及今后从事这项工作，具有非常重要的意义和责任。

关注点：《岩土工程勘察规范（2009 年版）》（GB—50021—2001）强制性条文规定：各项建设工程在设计和施工之前，必须按基本建设程序进行岩土工程勘察。

《建筑地基基础设计规范》（GB-50007—2011）中也明确规定：地基基础设计前应进行岩土工程勘察。

因此，各项建设工程在设计和施工之前，必须按照"先勘察，后设计，再施工"的基本建设程序进行岩土工程勘察。岩土工程勘察应按工程建设各勘察阶段的要求，正确反映工程地质条件，查明不良地质作用和地质灾害，精心勘察、全面分析，提出资料完整、评价正确的勘察报告。

实践证明，岩土工程勘察工作做得好，设计、施工就能顺利进行，工程建筑的安全运营就有保证。相反，忽视建筑场地与地基的岩土工程勘察，会给工程带来不同程度的影响，轻则修改设计方案、增加投资、延误工期，重则使建筑物完全不能使用，甚至突然破坏，酿成灾害。近年来仍有一些工程不进行岩土工程勘察就设计施工，造成工程安全事故或安全隐患。

加拿大朗斯康谷仓是建筑物地基失稳的典型例子。该谷仓由 65 个圆柱筒仓组成，长 59.4 m、宽 23.5 m、高 31.0 m，钢筋混凝土片筏基础厚 2 m，埋置深度 3.6 m。谷仓总质量为 2 万 t，容积 36500 m³。当谷仓建成后装谷达 32000 m³ 时，谷仓西侧突然下沉 8.8 m，东侧上抬 1.5 m，最后整个谷仓倾斜 26°53'。由于谷仓整体刚度较强，在地基破坏后，筒仓完整，无明显裂缝。事后勘察了解，该建筑物地基下埋藏有厚达 16 m 的高塑性淤泥质软土层。谷仓加载使基础底面上的平均荷载达到 320 kPa，超过了地基的极限承载力 245 kPa，因而地基强度遭到破坏发生整体滑动。为修复谷仓，在基础下设置了 70 多个支撑于深 16 m 以下基岩上的混凝土墩，使用 338 个 500 kN 的千斤顶，逐渐把谷仓纠正过来。修复后谷仓的标高比原来降低了 4 m。这在地基事故处理中是个奇迹，当然费用十分昂贵。

我国著名的苏州虎丘塔，位于苏州西北，建于五代周显德六年至北宋建隆二年（公元 959—961 年间），塔高 47.68 m，塔底对边南北长 13.81 m，东西长 13.64 m，平均 13.66 m，全塔七层，平面呈八角形，砖砌，全部塔重支撑在内外 12 个砖墩上。由于地基为厚度不等的杂填土和亚黏土夹块石，地基土的不均匀和地表丰富的雨水下渗导致水土流失而引起的地基不均匀变形使塔身严重偏斜。自 1957 年初次测定至 1980 年 6 月，塔顶的位移由 1.7 m 发展到 2.32 m，塔的重心偏离 0.924 m，倾斜角达 2°48'。由于塔身严重向东北向倾斜，各砖墩受力不均，致使底层偏心受压处的砌体多处出现纵向裂缝。如果不及时处理，虎丘塔就有毁坏的危险。鉴于塔身已遍布裂缝，要求任何加固措施均不能对塔身造成威胁。因此，决定采用挖孔桩方法建造桩排式地下连续墙，钻孔注浆和树根桩加固地基方案，亦即在塔外墙 3 m 处布置 44 个直径为 1.4 m 人工挖孔的桩柱，伸入基岩石 50cm，灌注钢筋混凝土，桩柱之间用素混凝土搭接防渗，在桩柱顶端浇注钢筋混凝土圈梁连成整体，在桩排式地基连续墙建成后，再在围桩范围地基内注浆。经加固处理后，塔体的不均匀沉降和倾斜才得以控制。

曾引起震惊的我国香港宝城大厦事故，就是由于勘察时对复杂的建筑场地条件缺乏足够的认识而没有采取相应对策留下隐患而引起的。该大厦建在山坡上，1972 年雨季出现连续大暴雨，引起山坡残积土软化、滑动。7月18日早晨7点，大滑坡体下滑，冲毁高层建筑宝城大厦，居住在该大厦的银行界人士120人当场死亡。

由此可见，岩土工程勘察是各项工程设计与施工的基础性工作，具有十分重要的意义。

四、我国岩土工程勘察发展阶段

岩土工程是在工程地质学的基础上发展并延伸出的一门属于土木工程范畴的边缘学科，是土木工程的一个分支。

1. 岩土工程勘察体制的形成和发展

（1）新中国成立初期

由于国民经济建设的需要，在城建、水利、电力、铁路、公路、港口等部门，岩土工程勘察体制沿用苏联的模式，建立了工程地质勘查体制，岩土工程勘察工作很不统一，各行业对岩土工程的勘察、设计及施工都有各自的行业标准。这些标准或多或少都有一定的缺陷，主要表现在：1）勘察与设计、施工严重脱节；2）专业分工过细，勘察工作的范围仅仅局限于查清条件，提供参数，而对如何设计和处理很少过问，再加上行业分割和地方保护严重，知识面越来越窄，活动空间越来越小，影响了勘察工作的社会地位和经济效益的提高。

（2）20世纪80年代以来

针对工程地质勘查体制中存在的问题，我国自1980年开始进行了建设工程勘察、设计专业体制的改革，引进了岩土工程体制。这一技术体制是市场经济国家普遍实行的专业体制，是为工程建设的全过程服务的。因此，很快就显示出其突出的优越性。它要求勘察与设计、施工、监测密切结合而不是机械分割；要求服务于工程建设的全过程，而不仅仅为设计服务；要求在获得资料的基础上，对岩土工程方案进一步进行分析论证，并提出合理的建议。

（3）20世纪90年代以来

随着我国工程建设的迅猛发展，高层建筑、超高层建筑以及各项大型工程越来越多，对天然地基稳定性计算与评价、桩基计算与评价、基坑开挖与支护、岩土加固与改良等方面，都提出了新的研究课题，要求对勘探、取样、原位测试和监测的仪器设备、操作技术和工艺流程等不断创新。由勘察工作与设计、施工、监测相结合并积累了许多勘察经验和资料。20多年来，勘察行业体制的改革虽然取得了明显的成绩，但是真正的岩土工程体制的改革还没有到位，勘察工作仍存在许多问题，缺乏法定的规范、规程和技术监督。此外，某些地区工程勘察市场比较混乱，勘察质量不高。

（4）岩土工程是在第二次世界大战后经济发达国家的土木工程界为适应工程建设和技术、经济高速发展需要而兴起的一种科学技术，因此在国际上岩土工程实际上只有五六十年的历史。在中国，岩土工程研究被提上日程并在工程勘察界推行也不过 30 年左右的历史。

中国工程勘察行业是在 20 世纪 50 年代初建立并发展起来的，基本上是照搬苏联的一套体制与工作方法，这种情况一直延续到 80 年代。工程地质勘查的主要任务是查明场地或地区的工程地质条件，为规划、设计、施工提供地质资料。我国的工程地质勘查体制虽然在中国经济建设中发挥了巨大作用，但同时也暴露了许多问题。在实际工作中，一般只提出勘察场地的工程地质条件和存在的地质问题，很少涉及解决问题的具体方法。勘察与设计、施工严重脱节，勘察工作局限于"打钻、取样、试验、提报告"的狭小范围。由于上述原因，工程地质勘查工作在社会上不受重视，处于从属地位，经济效益不高，技术水平提高不快，勘察人员的技术潜力得不到充分发挥，使勘察单位的路子越走越窄，不能在国民经济建设中发挥应有的作用。

（5）自 20 世纪 80 年代以来，特别是自 1986 年以来，在原国家计委设计局、原建设部勘察设计公司的积极倡导和支持下，各级政府主管部门、各有关社会团体、科研机构、大专院校和广大勘察单位，在调研探索、经济立法、技术立法、人才培训、组织建设、业务开拓、技术开发、工程试点及信息经验交流等方面积极地进行了一系列卓有成效的工作，我国开始推行岩土工程体制。经过 40 余年的努力，目前我国已确立了岩土工程体制。岩土工程勘察的任务，除了应正确反映场地和地基的工程地质条件外，还应结合工程设计、施工条件，进行技术论证和分析评价，提出解决岩土工程问题的建议，并服务于工程建设的全过程，具有很强的工程针对性。其主要标志是我国首部《岩土工程勘察规范》（GB—50021—94）于 1995 年 3 月 1 日实施，修订过的《岩土工程勘察规范》（GB—50021—2001）于 2002 年 1 月 1 日发布，3 月 1 日实施。《工程勘察收费标准》（2002 版）也正式对岩土工程收费做了规定。2002 年 9 月，我国开始进行首次注册土木工程师（岩土）执业资格考试。积极推行国际通行的市场准入制度：着眼于负责签发工程成果并对工程质量负终生责任的专业技术人员的基本素质上，单位依靠符合准入条件的注册岩土工程师在成果、信誉、质量、优质服务上的竞争，由岩土工程师主宰市场。企业发展趋势：鼓励成立以专业技术人员为主的岩土工程咨询（或顾问）公司和以劳务为主的钻探公司、岩土工程治理公司；推行岩土工程总承包（或总分包），承担工程项目不受地区限制。岩土工程咨询（或顾问）公司承担的业务范围不受部门、地区的限制，只要是岩土工程（勘察、设计、咨询监理以及监测检测）都允许承担；但如果是岩土工程测试（或检测监测）公司，则只限于承担测试（检测监测）任务，钻探公司、岩土工程治理公司不能单独承接岩土工程有关任务，只能同岩土工程咨询（或顾问）公司签订承接合同。

2. 岩土工程勘察规范的发展

为了使岩土工程行业能够真正形成岩土工程体制，适应社会主义市场经济的需要，并且与国际接轨，规范岩土工程勘察工作，做到技术先进、经济合理，确保工程质量和提高经济效益，由中华人民共和国建设部会同有关部门共同制定了《岩土工程勘察规范》（GB—50021—1994），于1995年3月1日正式实施。该规范是对《工业与民用建筑工程地质勘查规范》（TJ21—77）的修订，标志着岩土工程勘察体制的正式实施，它既总结了新中国成立以来工程实践的经验和科研成果，又注意尽量与国际标准接轨。在该规范中首次提出了岩土工程勘察等级，以便在工程实践中按工程的复杂程度和安全等级区别对待；对工程勘察的目标和任务提出了新的要求，加强了岩土工程评价的针对性；对岩土工程勘察与设计、施工、监测密切结合提出了更高的要求；对各类岩土工程如何结合具体工程进行分析、计算与论证，做出了相应的规定。

2002年，中华人民共和国建设部又对《岩土工程勘察规范》（GB—50021—1994）进行了修改和补充，颁布了《岩土工程勘察规范》（GB—50021—2001）。

2009年，中华人民共和国住房和城乡建设部对《岩土工程勘察规范》（GB—50021—2001）进行了修订，颁布了《岩土工程勘察规范（2009年版）》（GB—50021—2001），使部分条款的表达更加严谨，与相关标准更加协调。该规范是目前我国岩土工程勘察行业实行的强制性国家标准。它指导着我国岩土工程勘察工作的正常进行与顺利发展。

第二节　岩土工程勘察基本技术要求

一、岩土工程勘察分级

1. 目的依据及分级

（1）岩土工程勘察分级的目的

岩土工程勘察等级划分的主要目的，是为了勘察工作的布置及勘察工作量的确定。进行任何一项岩土工程勘察工作，首先应对岩土工程勘察等级进行划分。显然，工程规模较大或较重要、场地地质条件以及岩土体分布和性状较复杂者，所投入的勘察工作量就较大，反之则较小。

（2）岩土工程勘察分级的依据

按《岩土工程勘察规范（2009年版）》（GB—50021—2001）的规定，岩土工程勘察的等级，是由工程重要性等级、场地的复杂程度等级和地基的复杂程度等级三项因素决定的。

（3）岩土工程勘察等级分级

岩土工程勘察等级分为甲、乙、丙三级。

2.岩土工程勘察等级的判别

岩土工程勘察等级的判别顺序如下：

工程重要性等级判别→场地复杂程度等级判别→地基复杂程度等级判别→勘察等级判别。

（1）工程重要性等级判别

工程重要性等级，是根据工程的规模和特征，以及由于岩土工程问题造成工程破坏或影响正常使用的后果，划分为三个工程重要性等级，见表1-1。

表1-1　工程重要性等级划分

工程重要性等级	工程的规模和特征	破坏后果
一级	重要工程	很严重
二级	一般工程	严重
三级	次要工程	不严重

对于不同类型的工程来说，应根据工程的规模和特征具体划分。目前房屋建筑与构筑物的设计等级，已在《建筑地基基础设计规范》（GB—50007—2011）中明确规定：地基基础设计应根据地基复杂程度、建筑物规模和功能特征以及由于地基问题可能造成建筑物破坏或影响正常使用的程度分为三个设计等级，设计时应根据具体情况，见表1-2。

表1-2　工程重要性等级划分

设计等级	工程的规模	建筑和地基类型
甲级	重要工程	重要的工业与民用建筑物；30层以上的高层建筑；体型复杂，层数相差超过10层的高低层连成一体的建筑物；大面积的多层地下建筑物（如地下车库、商场、运动场等）；对地基变形有特殊要求的建筑物；复杂地质条件下的坡上建筑物（包括高边坡）；对原有工程影响较大的新建建筑物；场地和地基条件复杂的一般建筑物；位于复杂地质条件及软土地区的二层及二层以上地下室的基坑工程；开挖深度大于15m的基坑工程；周边环境条件复杂、环境保护要求高的基坑工程
乙级	一般工程	除甲级、丙级以外的工业与民用建筑物，除甲级、丙级以外的基坑工程
丙级	次要工程	场地和地基条件简单，荷载分布均匀的七层及七层以下的民用建筑及一般工业建筑物，次要的轻型建筑物。 非软土地区且场地地质条件简单、基坑周边环境条件简单、环境保护要求不高且开挖深度小于0.5m的基坑工程

目前，地下洞室、深基坑开挖、大面积岩土处理等尚无工程重要性等级划分的具体规定，可根据实际情况确定。大型沉井和沉箱、超长桩基和墩基、有特殊要求的精密设备和超高压设备、有特殊要求的深基坑开挖和支护工程、大型竖井和平洞、大型

基础托换和补强工程，以及其他难度大、破坏后果严重的工程，以列为一级工程重要性等级为宜。

（2）场地复杂程度等级判别

场地复杂程度等级是由建筑抗震稳定性、不良地质现象发育情况、地质环境破坏程度、地形地貌条件和地下水五个条件衡量的。

《建筑抗震设计规范》（GBJ—50011—2010）有如下规定。

1）建筑抗震稳定性地段的划分。

危险地段地震时可能发生滑坡、崩塌、地陷、地裂、泥石流及发震断裂带上发生地表错动的部位。

不利地段软弱土，液化土，条状突出的山嘴，高耸孤立的山丘，非岩质的陡坡，河岸和斜坡的边缘，平面分布上成因、岩性、状态明显不均匀的土层（如古河道、疏松的断层破碎带、暗埋的塘浜沟谷和半填半挖地基），高含水的可塑黄土，地表存在结构性裂缝等。

一般地段不属于有利、不利和危险的地段。

有利地段稳定基岩、坚硬土，开阔、平坦、密实、均匀的中硬土等。

关注点：不利地段的划分应注意的是：上述表述的是有利、不利和危险地段，对于其他地段可划分为可进行建设的一般场地。不能一概将软弱土都划分为不利地段，应根据地形、地貌和岩土特性综合评价。

如某综合楼场地北部有 6.4~6.7m 厚的杂填土，地下水位埋深 6.1~6.2m，杂填土和黄土状土之间差异明显，应定为不均匀地基。若采用灰土挤密桩处理会水量偏高、效果差；若采用桩基孔太浅也不经济；最后与设计者沟通后建议对局部杂填土进行换土处理，换土后其上部统一做 1.5m 厚的 3 ： 7 灰土垫层。处理后将场地定为可进行建设的一般场地，没有划分为不利地段。

2）不良地质现象发育情况。

强烈发育是指泥石流沟谷、崩塌、土洞、塌陷、岸边冲刷、地下水强烈潜蚀等极不稳定的场地，这些不良地质作用直接威胁着工程的安全。

一般发育是指虽有上述不良地质作用，但并不十分强烈，对工程设施安全的影响不严重，或者说对工程安全可能有潜在的威胁。

3）地质环境破坏程度。"地质环境"是指人为因素和自然因素引起的地下采空、地面沉降、地裂缝、化学污染、水位上升等。

强烈破坏是指由于地质环境的破坏，已对工程安全构成直接威胁，如矿山浅层采空导致明显的地面变形、横跨地裂缝等。

一般破坏是指已有或将有地质环境的干扰破坏，但并不强烈，对工程安全的影响不严重。

4）地形地貌条件。主要指的是地形起伏和地貌单元（尤其是微地貌单元）的变化情况。

复杂山区和陵区场地地形起伏大，工程布局较困难，挖填土石方量较大，土层分布较薄且下伏基岩面高低不平，一个建筑场地可能跨越多个地貌单元。

较复杂地貌单元分布较复杂。

简单平原场地地形平坦，地貌单元均一，土层厚度大且结构简单。

5）地下水条件。地下水是影响场地稳定性的重要因素，地下水的埋藏条件、类型和地下水位等直接影响工程及其建设。根据场地的复杂程度，可按下列规定分为三个场地等级，见表1-3。

表 1-3　场地复杂程度等级划分

场地复杂程度等级	建筑抗震稳定性	不良地质现象发育	地质环境破坏程度	地形地貌条件	地下水
一级（复杂场地）	危险	强烈发育	已经或可能受到强烈破坏	复杂	有影响工程的多层地下水，岩溶裂隙水或其他水文地质
二级（中等复杂地）	不利	一般发育	已经或可能受到一般破坏	较复杂	条件复杂，需专门研究的场地基础位于地下水位以下的场地
三级（简单场地）	抗震设防度等于或小于Ⅵ度，或是建筑抗震有利的地段	不发育	基本未受破坏	简单	对工程无影响

（3）地基复杂程度等级判别

依据岩土种类、地下水的影响、特殊土的影响，地基复杂程度也划分为三级，见表1-4。

1-4　地基复杂程度等级划分

地基复杂程度等级	岩土种类	地下水的影响	特殊土的影响	备注
一级	种类多，性质变化大	对工程影响大，且需特殊处理	多年床土及湿陷、膨压、烟渍、污染严重的特殊性岩土，对工程影响大，需做专门处理	变化复杂，同一场地上存在多种的或强烈程度不同的特殊性岩土
二级	种类较多，性质变化较大	对工程有不利影响	除上述规定之外的特殊性岩土	
三级	种类单一，性质变化不大	地下水对工程无影响	无特殊性岩土	

注：一级地基的特殊土为严重湿陷、膨胀、盐渍、污染的特殊性岩土，多年冻土

情况特殊，勘察经验不多，也应列为一级地基。"严重湿陷、膨胀、盐渍、污染的特殊性岩土"，是指自重湿陷性土、三级非自重湿陷性土、三级膨胀性土等；其他需做专门处理的以及变化复杂、同一场地上存在多种强烈程度不同的特殊性岩土时，也应列为一级地基。一级、二级地基各条件中只要符合其中任一条件者即可。

（4）勘察等级判别

综合上述三项因素的分级，即可划分岩土工程勘察的等级，根据工程重要性等级、场地复杂程度等级和地基复杂程度等级，可按下列条件划分岩土工程勘察等级。

关注点：建筑在岩质地基上的一级工程，当场地复杂程度等级和地基复杂程度等级均为三级时，岩土工程勘察等级可定为乙级。

勘察等级可在勘察工作开始前，通过搜集已有资料确定，但随着勘察工作的开展，对自然认识的深入，勘察等级也可能发生改变。

[案例讲解]

某工程安全等级为一级，拟建在地下水强烈潜蚀地段，其地形地貌较简单，地基为粗砂土，应按哪种等级布置勘察工作？为什么？

解：（1）工程重要性等级判别：安全等级为一级，故工程重要性为一级。

（2）场地复杂程度等级判别：地形地貌较简单，地下水强烈潜蚀地段，固位不良地质现象发育强烈区，场地复杂程度判定为一级场地。

（3）地基复杂程度等级判别：地基为粗砂土，且岩性单一，故地基复杂程度判定为三级。

（4）勘察等级判别：经上述条件综合判定，该工程应按甲级布置勘察工作。

[案例分析]

1）在判定岩土工程勘察等级时，应先按照工程重要性等级、场地复杂程度等级、地基复杂程度等级逐个判别。

2）要特别注意每个等级判别的依据和内容。

二、岩土工程勘察阶段的划分

为保证工程建筑物自规划设计到施工和使用全过程达到安全、经济、适用的标准，使建筑物场地、结构、规模、类型与地质环境、场地工程地质条件相互适应，要求任何工程的规划设计过程必须遵照循序渐进的原则，即科学地划分为若干阶段进行。

按照《岩土工程勘察规范（2009 年版）》（GB—50021—2001）要求，岩土工程勘察的工作可划分为可行性研究勘察、初步勘察、详细勘察和施工勘察等四个阶段。可行性研究勘察应符合选择场址方案的要求；初步勘察应符合初步设计的要求；详细勘察应符合施工图设计的要求；场地条件复杂或有特殊要求的工程或出现施工现场与勘察结果不一致时，宜进行施工勘察。场地较小且无特殊要求的工程可合并勘察阶段。当建筑物平面布置已经确定，且场地或其附近已有岩土工程资料时，可根据实际情况，直接进行详细勘察。

据勘察对象的不同，可分为水利水电工程（主要指水电站、水工构筑物），铁路工程，公路工程，港口码头，大型桥梁及工业、民用建筑等。由于水利水电工程、铁路工程、公路工程、港口码头等工程一般比较重大、投资造价及重要性高，国家分别对这些类别的工程勘察进行了专门的分类，编制了相应的勘察规范、规程和技术标准等，这些工程的勘察称为工程地质勘查。因此，通常所说的"岩土工程勘察"主要指工业、民用建筑工程的勘察，勘察对象主体主要包括房屋楼宇、工业厂房、学校楼舍、医院建筑、市政工程、管线及架空线路、岸边工程、边坡工程、基坑工程、地基处理等。

三、岩土工程勘察的方法

1. 常用方法

岩土工程勘察的方法或技术手段，常用的有以下几种。

（1）工程地质测绘

工程地质测绘是采用收集资料、调查访问、地质测量、遥感解译等方法，查明场地的工程地质要素，并绘制相应的工程地质图件的勘察方法。

工程地质测绘是岩土工程勘察的基础工作，也是认识场地工程地质条件最经济、最有效的方法，一般在勘察的初期阶段进行。在地形地貌和地质条件较复杂的场地，必须进行工程地质测绘；但对地形平坦、地质条件简单且较狭小的场地，则可采用调查代替工程地质测绘。高质量的测绘工作能相当准确地推断地下地质情况，起到有效地指导其他勘察方法的作用。

（2）岩土工程勘探

岩土工程勘探是岩土工程勘察的一种手段，包括物探、钻探、坑探、井探、槽探、动探、触探等。它可用来调查地下地质情况，并且可利用勘探工程取样、进行原位测试和监测，应根据勘察目的及岩土的特性选用上述各种勘探方法。

物探是一种间接的勘探手段，可初步了解地下地质情况。

钻探是直接勘探手段，能可靠了解地下地质情况，在岩土工程勘察中必不可少，是一种使用最为广泛的勘探方法，在实际工作中，应根据地层类别和勘察要求选用不同的钻探方法。

当钻探方法难以查明地下地质情况时，可采用坑探方法。它也是一种直接的勘探手段，在岩土工程勘察中必不可少。

（3）原位测试

原位测试是为岩土工程问题分析评价提供所需的技术参数，包括岩土的物性指标、强度参数、固结变形特性参数、渗透性参数和应力、应变时间关系的参数等。原位测试一般都借助于勘探工程进行，是详细勘察阶段主要的一种勘察方法。

（4）现场检验与监测

现场检验是指采用一定手段，对勘察成果或设计、施工措施的效果进行核查；是对先前岩土工程勘察成果的验证核查以及岩土工程施工的监理和质量控制。

现场监测是在现场对岩土性状和地下水的变化、岩土体和结构物的应力、位移进行系统监视和观测。它主要包括施工作用和各类荷载对岩土反应性状的监测、施工和运营中的结构物监测和对环境影响的监测等方面。

现场检验与监测是构成岩土工程系统的一个重要环节，大量工作在施工和运营期间进行；但是这项工作一般需在高级勘察阶段开始实施，所以又被列为一种勘察方法。它的主要目的在于保证工程质量和安全，提高工程效益。检验与监测所获取的资料，可以反求出某些工程技术参数，并以此为依据及时修正设计，使之在技术和经济方面优化。此项工作主要是在施工期间内进行，但对有特殊要求的工程以及一些对工程有重要影响的不良地质现象，应在建筑物竣工运营期间继续进行。

岩土工程勘察手段依据建筑工程和岩土类别的不同可采用以上几种或全部手段，对场地工程地质条件进行定性或定量分析评价，编制满足不同阶段所需的成果报告文件。

2.岩土工程勘察新技术的应用

随着科学技术的飞速发展，在岩土工程勘察领域中不断引进高新技术。例如，工程地质综合分析、工程地质测绘制图和不良地质现象监测中的遥感（RS）、地理信息系统（GIS）和全球卫星定位系统（GPS），即"3S"技术的引进；勘探工作中地质雷达和地球物理层析成像技术（CT）的应用；数值化勘察技术（数字化建模方法、数字化岩土勘察工程数据库系统）等，对岩土工程勘察的发展有着积极的促进作用。

由于岩土工程的特殊性，大多情况无法采用直接、直观的手段实现对地基岩土性状的调查和获取其工程特性指标。这就要求岩土工程勘察技术人员掌握相关的各类规范、规程，并在勘察工作中仔细、认真以及全面考虑，确保勘察工作有条不紊地开展，从而使勘察成果满足设计的使用要求，最终确保工程建设的安全、高效运行，实现国民经济社会的可持续发展。

四、常用技术规范

岩土工程勘察涉及许多国家规范和标准，对于从事岩土工程勘察的技术人员来说应熟悉，并能准确、认真地执行。本书所依据的行业标准主要有：

1.《岩土工程勘察规范 2009 年版》（GB—50021—2001）。

2.《工程地质手册》（第四版）。

3.《建筑地基基础设计规范》（GB—50007—2011）。

4.《建筑桩基技术规范》（JGJ—94—2008）。

5.《建筑抗震设计规范》（GB—50011—2010）。

6.《高层建筑岩土工程勘察规程》（JGJ—72—2004）。

7.《建筑工程地质勘探与取样技术规程》（JGJ—T87—2012）。

8.《岩土工程勘察报告编制标准》（CECS—99：98）。

9.《工程勘察设计收费管理规定》（计价格〔2002〕10 号）。

10.《工程岩体分级标准》（GB50218—1994）。

第三节　岩土工程勘察工作程序

岩土工程勘察工作程序是工程勘察质量控制的基本保障，应按照规范确定的勘察目的、任务和要求合理设置。

岩土工程勘察工作程序主要包括：勘察前期工作、现场勘察施工及勘察成果编制与送审，具体可分为勘察投标书的编制、勘察合同的签订、工程地质测绘、岩土工程勘探、岩土原位测试、现场检验与监测、岩土参数分析与选定、岩土工程分析评价与报告编写、报告审定与出版存档等。

体现岩土工程勘察工作程序的三大项九个单项工作之间，要求既相对独立又相互联系，循环实施，才能体现一个完整的岩土工程勘察过程的有效性。岩土工程勘察项目实施的基本过程如下。

一、勘察前期工作

岩土工程勘察前期工作，主要是在通过了解项目现场基本情况，并收集相关资料的基础上编制岩土工程勘察投标书。项目中标后，与甲方签订岩土工程勘察合同。其目的是勘察者在勘察前明确建筑结构概况，弄清建筑设计对勘察的要求，其中编制岩土工程勘察投标书和签订岩土工程勘察合同是前期的两项重要工作。

1.收集资料

资料收集是否齐全、准确，是保证工程项目顺利完成的前提，必须高度重视，目前勘察市场中仍存在前期资料收集不全，拟建工程的结构形式、场地整平标高、勘探点坐标等情况不清，设计单位的勘察技术要求缺乏，对工程场地原有地形地貌、不良地质作用及地质灾害不进行调查等情况，对工程顺利完成造成了一定影响。

关注点：《岩土工程勘察规范（2009年版）》（GB50021—2001）中的强制性条文明确规定："搜集附有坐标和地形的建筑总平面图，建筑物的性质、规模、荷载、结构特点、基础形式、埋置深度、地基允许变形等资料。"

2. 编制岩土工程勘察投标书

勘察投标书是进行勘察项目的前提条件，在工程建设中起着龙头作用，是提高工程项目投资效益、社会效益和环境效益的最重要因素。其技术标（勘察施工组织设计方案）既是投标的主要文件，又是指导勘察施工的主要内容，具体内容包括：工程概况、勘察方案、勘察成果分析及报告书编写、本工程投入技术力量及施工设备、进度计划、工期保证措施、工程质量保证措施、安全保证措施、承诺及报价等。

但目前勘察市场中仍存在：在无设计要求和建筑结构概况不明的情况下，勘察单位仅凭业主的陈述，按其要求进行勘察，最终导致勘察报告的深度和广度不符合建筑设计的要求。

如某单层厂房设计行车为60t，单柱最大荷重6000kN，而勘察人员认为单层厂房为很次要的工程，按天然地基浅基础进行勘察。当设计人员想设计桩基础时，勘察报告不满足要求。

又如在某工程场地内有防空洞入口通向该拟建场地，可勘察人员在报告中不予以查明、评价，又不提请注意。

再如某拟建的垃圾中转站，主要位于人工鱼塘上，堆填后用于建设，某勘察单位没有搜集原有地形资料，也不进行调查访问，恰好钻孔布置在塘堤上，勘察单位仅根据钻探成果推荐了天然地基，施工开挖后发现实际情况与勘察报告大相径庭，天然地基根本不适合，设计方重新修改设计，采用了地基处理，给业主方造成了一定的损失。

3. 签订勘察合同

项目中标后，与甲方签订岩土工程勘察合同，双方按合同履约。

（1）现场勘察施工

在勘察施工前，应明确勘察任务、需提交的勘察资料、勘察依据及技术要求、投入的勘察工作量等，依据勘察任务书进行勘察施工，其工作主要包括工程地质测绘、岩土工程勘探（勘探孔定位测量、勘探孔编录、采集样品及送样）、原位测试（标准贯入试验、重型动力触探、现场水文地质试验、波速测试等）、现场检验与监测（勘察质量检查、验槽等）等。在施工过程中，要注意勘察的重点和难点问题。同时要建立质量和安全保障措施，保证施工质量和施工安全。

（2）勘察成果编制与送审

通过现场勘察后，应及时对工程编录资料综合整理、审核及计算机录入，并进行岩土工程分析评价，编制报告图文表初稿；之后对报告进行初步审查及修改；最后对报告进行审定、出版及存档。

关注点：建设工程施工现场的验槽、脸孔、基础验收是岩土工程勘察基本过程质量控制的重要环节，勘察时必须高度重视。

建设工程施工现场的验槽、脸孔、基础验收等工作，也是岩土工程勘察的基本过程，勘察单位应参与施工图纸会审、基础施工现场验槽、脸孔、基础验收等工作，并现场解释说明岩土工程勘察报告成果反映的重要岩土工程问题及其防治措施建议，以保障基础工程设计施工符合场地地基岩土条件，及时发现和解决基础施工中新的岩土工程问题及勘察工作的不足。

由于场地地基水文工程地质条件复杂多变、建设工程布置方案的调整变更，对于工程勘察项目委托单位等提出的勘察新要求，一般情况下应当以书面函件形式向勘察单位提出。勘察单位应当根据实际情况，以积极的态度进行沟通处置，及时进行岩土工程分析，及时出具解释性报告或者变更报告，必要时应当及时进行施工勘察或者补充勘察。

关注点：对图审回复、现场验槽脸孔、基础验收、施工勘察或者补充勘察工程过程中产生的岩土工程分析报告成果，一般以工程勘察说明通知单的文件形式表达，不宜修改已经提交给建设单位设计施工使用了的勘察报告文件。

第二章 岩土工程勘察前期工作

岩土工程勘察前期工作，主要包括勘察标书的编制和合同的签订，做好勘察前期工作是保证勘察项目顺利实施的前提条件。本章是让学习者初步了解工程项目编制投标文件的要求、流程及项目中标后应按照相关规定签订勘察合同。

岩土工程现场勘察施工是在勘查现场采用不同勘察技术手段或方法进行的勘察工作，了解和查明建筑场地的工程地质条件，应依据工程类别和场地复杂程度的不同，遵循由易到难、先简单后复杂，从地表到地下、从勘察成果到检验成果的原则。本项目的学习主要包括工程地质测绘与调查、岩土工程勘探、原位测试、现场检验与监测四个方面。

在岩土工程勘察中，工程地质测绘是一项简单、经济又有效的工作方法，它是岩土工程勘察中最重要、最基本的勘察方法，也是各项勘察中最先进行的一项勘察工作。

工程地质测绘是运用地质、工程地质理论对与工程建设有关的各种地质现象进行详细观察和描述，以查明拟定工作区内工程地质条件的空间分布和各要素之间的内在联系，并按照精度要求将它们如实地反映在一定比例尺的地形底图上，并结合勘探、测试和其他勘察工作资料编制成工程地质图的过程。

第一节 岩土工程勘察投标文件编制

岩土工程勘察投标工作是勘察项目经营工作中的重要一环，一定程度上是投标技术工作水平、勘察工作实践经验、质量管理水平及勘察单位整体实力的体现，也是勘察单位经营工作水平及在行业中形象的体现。

一、岩土工程勘察投标文件编制要点

岩土工程勘察投标文件编制要求：细致又全面，准确又快捷，对招标文件的理解和响应不允许出任何偏差或疏漏，投标文件是评标的主要依据，对投标人中标与否起着极其重要的作用。所以，在岩土工程勘察投标文件编制之前，要认真学习招标文件，

熟悉所要投标工程项目的地理位置、交通运输、供水等环境条件。了解工程项目的工作内容、工作量（招标书上的工作清单）、工作期限及各种要求。

岩土工程勘察投标文件编制要点包括如下几方面。

1. 认真阅读招标文件

投标工作有其独特的专业性、系统性和连续性，因此必须进行科学、严密的组织和筹划，充分调动全体编标人员的积极性，确保投标工作顺利进行。在进行投标前，应认真阅读招标文件条款内容，做到有的放矢，不走弯路；熟悉招标文件中规定的投标文件格式的规定，如要求的投标文件正副本数，商务、技术、综合部分如何装订，封面签字盖章要求、内容签字盖章要求、标书密封要求、原件是否验证及如何装订、密封等格式及制作要求。

一般招标文件由五部分组成，即投标须知及投标须知前附表，合同条款及格式，工程勘察技术要求，地形图、总平面图及工程量清单，投标文件格式。熟悉招标文件内容是做好投标文件的基本要求。

2. 熟知投标文件内容

一般情况下，投标文件可分为商务标、技术标、综合部分（资格审查资料）。内容上依据招标文件要求的格式和顺序制作，不要缺项、多项、改变招标文件格式。

（1）商务标

商务标文件主要包括：法定代表人资格证明书、授权委托书、工程勘察单价表、投标书等。其中工程勘察单价表包括工作费报价和勘察工作费计算清单，勘察工作费报价一般分两种，一种是综合报价（岩层和土层综合一起报一个单价），另一种是分不同土层、岩层分别报价。勘察工作费报价是投标方根据工程所在地的地质条件、工作环境及本单位的工作经验和技术条件综合考虑，给出的一个合理价格。

（2）技术标

技术标就是勘察、施工、组织、设计方案，要根据工程的特点来写。技术标文件主要包括：工程建设项目概况；对招标文件提供的场区的基本地质资料的分析；勘察目的与方案；勘察手段和工作布置；勘探、测试手段的数量、深度；岩土试样的采取与试验要求；工程的组织和技术质量及安全保证措施；拟投入的主要施工机械设备和人员计划；勘察工作计划进度；拟提交的勘察报告的主要章节目录及其他需要说明或建议的内容。

关注点：技术标，即勘察、施工、组织、设计方案。

（3）综合部分

综合部分即资格审查资料，主要包括：公司的营业执照、资质证书、安全生产许可证、项目经理证、业绩等，需要根据招标文件的具体要求确定。

二、岩土工程勘察投标文件编制流程

勘察投标文件一般编制流程如图 2-1 所示。

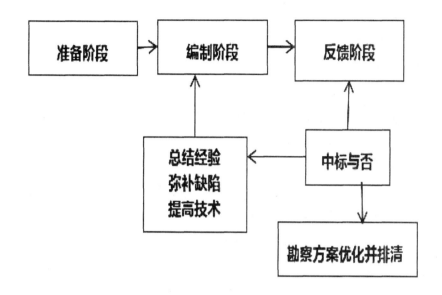

图 2-1 勘察投标文件编制流程图

（一）准备阶段

1. 工作内容

详细内容如图 2-2 所示。

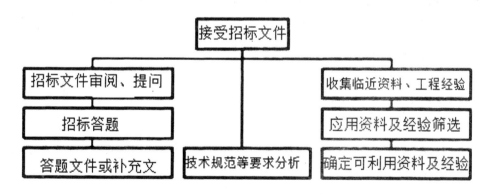

图 2-2 准备阶段工作流程图

2. 工作要求

（1）认真、仔细、深入、全面。

（2）注意事项：1）招标文件本身前后是否矛盾；2）招标文件要求与技术规范要求

是否一致；3）工程地质资料及工程经验收集、分析与利用体现临近原则、地质单元相同原则，应与投标项目基础设计方案有可比性；4）遵守国家标准、行业标准、地方和企业标准及国家和企业的法律、规定和制度；5）工程经验分析与利用坚持类同原则，注意收集、摘录、分析、总结各类工程实践经验、各类设计概况及其技术要求，分析、反算各类测试、检测结果等资料，并进行有效的岩土条件反分析。

（二）编制阶段

1. 工作要求

（1）土性分析及岩土条件分析应根据投标项目性质及勘察设计技术要求有所侧重。

（2）拟建建筑物性质分析应结合工程经验得出各类建（构）筑物适宜的基础形式可能性（如天然地基、地基处理、桩基等）。

（3）地基基础预分析应结合勘察、设计等工程经济进行分析，并兼顾招标文件中勘察设计技术要求，确定并建议适宜的基础方案或基础形式，提出预分析结论。

（4）勘察方案制定符合勘察规范要求，做到安全、经济、合理。

（5）勘察资源配置及勘察进度应安排紧凑和协调，满足招标文件要求，若招标文件要求实在不合理时，则应提出合理的方案并进行具体解释。

（6）各项施工措施及技术质量管理措施必须齐全，符合相关技术规范要求，同时必须体现本单位技术、质量管理优势与特长和体系的完备性与合理性。

（7）勘察报告书章节及主要内容，应抓住主要问题，针对本项目可能的特殊情况应扩展和细化；除列出条目外，还应列出简要说明，个别特殊性要求和子项还应进行深入说明。

（8）勘察费用预算及报价应符合计费标准要求，报价偏高或偏低有要求时应进行适当的技术处理，力求报价在合理计费标准前提下的恰当的报价范围之内。

（9）勘探孔平面布置图应符合勘察技术规范及相关制图规定要求，清晰、美观、重点突出。

（10）其他注意事项。

2. 其他注意事项

要编制好勘察投标文件，并在评标中占有优势，还应注意其他许多勘察标书技术考虑因素之外的事项，主要有以下几个方面：

（1）招标单位及项目设计单位技术外要求及偏好（如低报价）；

（2）招标代理公司的活动能力及要求；

（3）共同参与本项目投标单位的技术实力、技术特长、技术缺陷、工作能力、工作方法、工程经验及标书编制人的性格及其个人的技术表现能力、技术特长与缺陷及个人工程经验积累和利用能力等，避其所长、攻其所短，发挥自身优势，迎合评标口味；

（4）评标人员的组成结构及其偏好，评标专家尤其是评标组长的专业偏好等，可多听取有关专家意见，多交流，多请进来讲解等进行了解与沟通；

（5）工期与费用报价处置技巧等；

（6）相关勘察单位之间的单位关系和技术专家的个人关系等。

（三）反馈阶段

工作要求：

1.收集评标意见及优化建议并分析：地质资料及工程经验收集与应用不合理；预分析欠缺、不足或深度不够，或预分析漏项；基础预分析估算不合理，造成勘察方案依据不充分；压缩层厚度计算有误造成控制性孔孔深不足；勘察方案经济合理性明显较差；各项技术措施不全，或违反相关技术规范规定；资源配置不合理，或工期违反招标文件规定；计费标准明显有误，造成勘察费用报价不合理；各项服务措施不满足业主或招标文件特殊要求；投标文件编制校审及印制粗糙、错漏较多或缺页等；勘探孔平面布置图零乱，标志不清晰，难以辨别。

2.投标文件优缺点自我剖析：对照评标意见及中标标书优化意见，对自身投标文件进行优缺点分析，找出不足与缺点。

3.中标勘察方案优化及实施勘察方案制定：按中标优化意见对投标勘察方案进行优化，并按优化后勘察方案实施。

4.未中标勘察方案存在技术原因分析：对照"评标意见及优化建议"中可能存在的问题进行技术原因分析，找出技术原因、技术缺陷、工程经验不足等，总结值得提高的各个方面技术。

5.总结投标文件编制尚需提高的技术问题和编制策略；总结值得提高的技术各个方面问题，提出改进措施和编制策略，指导后继勘察文件编制。

第二节　岩土工程勘察合同的签订

一、岩土工程勘察合同签订的原则

岩土工程勘察合同属于商务合同，应遵守自愿原则、平等原则、公平原则、等价有偿原则、诚实信用原则、禁止权利滥用的原则和公序良俗原则。

1.自愿原则

自愿原则的实质，就是在民事活动中当事人的意思自治。即当事人可以根据自己的判断，去从事民事活动，国家一般不干预当事人的自由意志，充分尊重当事人的选择。其内容应该包括自己行为和自己责任两个方面。自己行为，即当事人可以根据自己的意愿决定是否参与民事活动，以及参与的内容、行为方式等；自己责任，即民事主体要对自己参与民事活动所导致的结果承担责任。总结为：民事主体根据自己的意愿自主行使民事权利；民事主体之间自主协商设立、变更或终止民事关系；当事人自愿优于任意民事法律规范。

2. 平等原则

平等原则是指主体的身份平等。身份平等是特权的对立物，是指不论其自然条件和社会处境如何，其法律资格以及权利能力一律平等。《民法通则》第3条规定：当事人在民事活动中地位平等。任何自然人、法人在民事法律关系中平等地享有权利，其权利平等地受到保护。总结为：民事权利能力平等、民事主体地位平等和民事权益平等受法律保护。

3. 公平原则

公平原则是指在民事活动中以利益均衡作为价值判断标准，在民事主体之间发生利益关系摩擦时，以权利和义务是否均衡来平衡双方的利益。因此，公平原则是一条法律适用的原则，即当民法规范缺乏规定时，可以根据公平原则来变动当事人之间的权利义务；公平原则又是一条司法原则，即法官的司法判决要做到公平合理，当法律缺乏规定时，应根据公平原则做出合理的判决。

4. 诚实信用原则

所谓诚实信用，其本意是要求按照市场制度的互惠性行事。在缔约时，诚实并不欺不诈；在缔约后，守信用并自觉履行。然而，市场经济的复杂性和多变性显示：无论法律多么严谨，也无法限制复杂多变的市场制度中暴露出的种种弊端，总会表现出某种局限性。

5. 禁止权利滥用原则

禁止权利滥用原则，是指民事主体在进行民事活动中必须正确行使民事权利，如果行使权利损害同样受到保护的他人利益和社会公共利益时，即构成权利滥用。对于如何判断权利滥用，民法通则及相关民事法律规定，民事活动首先必须遵守法律，法律没有规定的，应当遵守国家政策及习惯，行使权利应当尊重社会公德，不得损害社会公共利益、扰乱社会经济秩序。

6. 公序良俗原则

公序良俗原则是指民事主体的行为应当遵守公共秩序，符合善良风俗，不得违反国家的公共秩序和社会的一般道德。公序良俗是公共秩序与善良风俗的简称。《民法通则》第7条规定："民事活动应当尊重社会公德。不得损害社会公共利益，破坏国家经济计划，扰乱社会经济秩序。"不少学者认为，本条规定应概括为公序良俗原则。公共秩序，是指国家社会的存在及其发展所必需的一般秩序。善良风俗，是指国家社会的存在及其发展所必需的一般道德。

违反公序良俗的类型有：(1)危害国家公序类型；(2)危害家庭关系类型；(3)违反人权和人格尊严的行为类型；(4)限制经济自由的行为类型；(5)违反公平竞争行为类型；(6)违反消费者保护的行为类型；(7)违反劳动者保护的行为类型；(8)暴力行为类型等。

7. 等价有偿原则

等价有偿原则是公平原则在财产性质的民事活动中的体现，是指民事主体在实施转移财产等的民事活动中要实行等价交换，取得一项权利应当向对方履行相应的义务，不得无偿占有、剥夺他方的财产，不得非法侵害他方的利益；在造成他方损害的时候，应当等价有偿。现代民法对等价有偿提出挑战，认为很多民事活动，如赠予、赡养和继承等并不是等价有偿进行的，因而等价有偿原则只是一个相对的原则，不能绝对化。

二、岩土工程勘察合同签订条件

经国家或主管部门批准的计划任务书和选点报告，是签订建设工程勘察合同和设计合同的前提。

1. 计划任务书

计划任务书是确定建设项目、编制设计文件的主要依据，其主要内容包括：建设的目的和根据，建设规模和产品方案、生产方法和工艺流程，资源的综合利用，建设地区和占用土地、防空和防震要求，建设工程期限和投资控制数，劳动定员和技术水平等。重大水利枢纽、水电站、大矿区、铁路干线、远距离输油、输气管道计划任务书还应有相应的流程规划、区域规划、路网、管网规划等。

2. 选择具体建设地点的报告

计划任务书和选点报告是勘察设计的基础资料，这些资料经国家或主管部门批准后，建设单位才能向勘察设计单位提出要约，勘察设计单位接到要约后，要对计划任务书进行审查。认为有能力完成此任务的，方可签订合同。

3. 建设工程施工合同的签订条件

(1)初步设计建设工程总概算要经国家或主管部门批准，并编写所需投资和物资的计划。

(2)建设工程主管部门要指定一个具有法人资格的筹建班子。

(3)接受要约的具有法人资格的施工单位，要有能够承担此项目的设备、技术、施工力量（如果是国家重点工程，必须按国家规定要求，不能延误工期）。

4.发包人的权利与义务

（1）发包人的权利

1）发包人在不妨碍承包人正常作业的情况下，可以随时以作业进度质量进行检查；

2）承包人没有通知发包人检查，自行隐蔽工程的，发包人有权检查，检查费用由承包人负担；

3）发包人在建设工程竣工后，应根据施工图纸及说明书、国家颁发的施工验收规范和质量检验标准进行验收；

4）发包人对因施工人的原因致使建设工程质量不符合约定的，有权要求施工人在合理的期限内无偿修理或者返工、改建。

（2）发包人的义务

1）发包人应当按照合同约定支付价款并且接受该建设工程。

2）未经验收的建设工程，发包人不得使用。发包人擅自使用未经验收的建设工程，发现质量问题的，由发包人承担责任。

3）因发包人的原因致使工程中途停建、缓建的，发包人应当采取措施弥补或者减少损失，赔偿承包人因此造成的停止、窝工、倒运、机械设备调迁、材料和构件积压等损失和实际费用。

4）由于发包方变更计划，提供的材料不准确，或者未按照期限提供必需的勘察、设计工作条件而造成勘察、设计的返工、停工或者修改设计，发包人应当按照勘察人、设计人实际消耗的工作量增付费用。

三、签订工程勘察合同应注意的问题

1.关于发包人与承包人

（1）对发包方主要应了解两方面的内容：主体资格，即建设相关手续是否齐全。例：建设用地是否已经批准，是否列入投资计划，规划、设计是否得到批准，是否进行了招标等。履约能力即资金问题，施工所需资金是否已经落实或可能落实等。

（2）对承包方主要了解的内容：资质情况、施工能力、社会信誉、财务情况。承包方的二级公司和工程处不能对外签订合同。

上述内容是体现履约能力的指标，应认真分析和判断。

2.合同价款

（1）招标工程的合同价款由发包人、承包人依据中标通知书中的中标价格在协议书内约定。非招标工程合同价款由发包人、承包人依据工程预算在协议书内约定。

（2）合同价款是双方共同约定的条款，要求第一要协议，第二要确定。暂定价、暂估价、概算价等都不能作为合同价款，约而不定的造价不能作为合同价款。

3. 发包人工作与承包人工作条款

（1）双方各自工作的具体时间要填写准确。

（2）双方所做工作的具体内容和要求应填写详细。

（3）双方不按约定完成有关工作应赔偿对方损失的范围、具体责任和计算方法要填写清楚。

4. 合同价款及调整条款

（1）填写合同价款及调整时应按《通用条款》所列的固定价格、可调价格、成本加酬金三种方式。

（2）采用固定价格应注意明确包死价的种类。如总价包死、单价包死，还是部分总价包死，以免履约过程中发生争议。

（3）采用固定价格必须把风险范围约定清楚。

（4）应当把风险费用的计算方法约定清楚。双方应约定一个百分比系数，也可采用绝对值法。

（5）对于风险范围以外的风险费用，应约定调整方法。

5. 工程预付款条款

（1）填写约定工程预付款的额度应结合工程款、建设工期及包工包料情况来计算。

（2）应准确填写发包人向承包人拨付款项的具体时间或相对时间。

（3）应填写约定扣回工程款的时间和比例。

6. 工程进度款条款

（1）工程进度款的拨付应以发包方代表确认的已完工程量、相应的单价及有关计价依据计算。

（2）工程进度款的支付时间与支付方式可选择：按月结算、分段结算、竣工后一次结算（小工程）及其他结算方式。

7. 违约条款

（1）在合同条款中首先应约定发包人对预付款、工程进度款、竣工结算的违约应承担的具体违约责任。

（2）在合同条款中应约定承包人的违约应承担的具体违约责任。

（3）还应约定其他违约责任。

（4）违约金与赔偿金应约定具体数额和具体计算方法，越具体越好，且具有可操作性，以防止事后产生争议。

8. 争议与工程分包条款

（1）填写争议的解决方式是选择仲裁方式，还是选择诉讼方式，双方应达成一致意见。

（2）如果选择仲裁方式，当事人可以自主选择仲裁机构，仲裁不受级别地域管辖限制。

（3）如果选择诉讼方式，应当选定有管辖权的人民法院（诉讼是地域管辖）。

（4）合同中分包的工程项目须经发包人同意，禁止分包单位将其承包的工程再分包。

9. 关于补充条款

（1）需要补充新条款或哪条、哪款需要细化、补充或修改，可在《补充条款》内尽量补充，按顺序排列如 49、50……

（2）补充条款必须符合国家、现行的法律、法规，另行签订的有关书面协议应与主体合同精神相一致，要杜绝"阴阳合同"。

10. 无效合同

在建筑工程纠纷的司法实践中，建筑工程合同是否有效是首先要明确的问题。根据有关法律规定，以下几种情况会导致建筑工程合同无效：

（1）合同主体不具备资格

根据规定，签订建筑工程合同的承包方，必须具备法人资格和建筑经营资格。只有依法核准拥有从事建筑经营活动资格的企业法人，才有权进行承包经营活动，其他任何单位和个人签订的建筑承包合同，都属于合同主体不符合要求的无效合同。

（2）借用营业执照和资质证书

根据《建筑法》的规定，禁止建筑施工企业以任何形式允许其他单位或者个人使用本企业的资质证书、营业执照，以本企业的名义承揽工程。也就是说，任何非法出借和借用资质证书和营业执照而签订的建筑工程合同都属于无效合同。

（3）越级承包

我国《建筑法》规定，禁止建筑施工企业超越本企业资质等级许可的业务范围承揽工程。在实践中，有的建筑企业超越资质等级、经济实力和技术水平等企业级别内容决定的范围承揽工程，造成工程质量不合格等问题。因此，法律明令规定，凡越级承包的建筑工程合同均属无效。

（4）非法转包

根据《合同法》第 272 条的规定，发包人可以与总承包人订立建筑工程合同，也可以分别与勘察人、设计人、施工人订立勘察、设计、施工承包合同。发包人不得将应当由一个承包人完成的建设工程分解成若干部分发包给几个承包人。总承包人或者勘察、设计、施工承包人向发包人承担连带责任。承包人不得将其承包的全部建设工程转包给第三人或者将其承包的全部建设工程分解以后以分包的名义分别转包给第三人。禁止承包人将工程分包给不具备相应资质条件的单位。禁止分包单位将其承包的工程再分包。建设工程主体结构的施工必须由承包人自行完成。

《建筑法》第 28 条规定，禁止承包单位将其承包的全部建筑工程转包给他人，禁止承包单位将其承包的全部建筑工程分解后以分包的名义分别转包给他人。凡以上述禁止形式进行非法转包的建筑工程合同，属无效合同。

（5）违反法定建设程序

建筑工程的发包人在建筑工程合同的订立和履行过程中，必须遵循相应的法定程序，依法办理土地规划使用、建设规划许可等手续。否则，将导致合同无效。发包人在建设项目发包中，有些项目法定程序为招投标，但有的发包人擅自发包给关联企业，有的发包人形式上采用了招投标的方式，但采取暗箱操作或泄露标底或排斥竞标人的方式控制承包人。另外，工程发包后，有些承包人未办理施工许可证就擅自开工。如存在以上违法事实，所签订的建筑工程合同也往往被认定为无效。

第三章　岩土工程勘察方法

第一节　工程地质测绘和调查

一、概述

工程地质测绘与调查是勘测工作的手段之一，是最基本的勘察方法和基础性工作。通过测绘和调查，将查明的工程地质条件及其他有关内容如实地反映在一定比例尺的地形底图上，对进一步的勘测工作有一定的指导意义。

"测绘"是指按有关规范规程的规定要求所进行的地质填图工作。"调查"是指达不到有关规范规程规定的要求所进行的地质填图工作，如降低比例尺精度、适当减少测绘程序、缩小测绘面积或针对某一特殊工程地质问题等。进行工程地质测绘时，对中等复杂的建筑场地可进行工程地质测绘或调查，对简单或已有地质资料的建筑场地可进行工程地质调查。

工程地质测绘与调查宜在可行性研究或初步设计勘测阶段进行。在施工图设计勘测阶段，视需要在初步设计勘测阶段测绘与调查的基础上，对某些专门地质问题（如滑坡、断裂带的分布位置及影响等）进行必要的补充测绘。但是，不是指每项工程的可行性研究或初步设计勘测阶段都要进行工程地质测绘与调查，而是视工程需要而定。

工程地质测绘与调查的基本任务：查明与研究建筑场地及其相邻有关地段的地形、地貌、地层岩性、地质构造、不良地质现象、地表水与地下水情况、当地的建筑经验及人类活动对地质环境造成的影响，结合区域地质资料，分析场地的工程地质条件和存在的主要地质问题，为合理确定与布置勘探和测试工作提供依据。高精度的工程地质测绘不但可以直接用于工程设计，而且为其他类型的勘察工作奠定了基础。可有效地查明建筑区或场地的工程地质条件，并且大大缩短工期，节约投资，提高勘察工作的效率。

工程地质测绘可分为两种：一种是以全面查明工程地质条件为主要目的的综合性

测绘；另一种是对某一工程地质要素进行调查的专门性测绘。无论何者，都服务于建筑物的规划、设计和施工，使用时都有特定的目的。

工程地质测绘的研究内容和深度应根据场地的工程地质条件确定，必须目的明确、重点突出、准确可靠。

二、工程地质测绘的内容

工程地质测绘的研究内容首先是工程地质条件，其次是对已有建筑区和采掘区的调查。某一地质环境内的建筑经验和建筑兴建后出现的所有工程地质现象，都是极其宝贵的资料，应予以收集和调查。工程地质测绘是在测区实地进行的地面地质调查工作，工程地质条件中各有关研究内容，凡能通过野外地质调查解决的，都属于工程地质测绘的研究范围。被掩埋于地下的某些地质现象也可通过测绘或配合适当勘察工作加以了解。

工程地质测绘的方法和研究内容与一般地质测绘方法类似，但不等同于它们，主要是因为工程地质测绘是为工程建筑服务的。不同勘察阶段、不同建筑对象，其研究内容的侧重点、详细程度和定量化程度等是不同的。实际工作中，应根据勘察阶段的要求和测绘比例尺大小，分别对工程地质条件的各个要素进行调查研究。

工程地质测绘和调查，宜包括下列内容：

1. 查明地形、地貌特征，地貌单元形成过程及其与地层、构造、不良地质现象的关系划分地貌单元。

2. 岩土的性质、成因、年代、厚度和分布。对岩层应查明风化程度，对土层应区分新近堆积土、特殊性土的分布及其工程地质条件。

3. 查明岩层的产状及构造类型、软弱结构面的产状及其性质，包括断层的位置、类型、产状、断层破碎带的宽度及充填胶结情况，岩、土层接触面及软弱夹层的特性等，第四纪构造活动的形迹特点及与地震活动的关系。

4. 查明地下水的类型，补给来源，排泄条件，井，泉的位置，含水层的岩性特征，埋藏深度，水位变化，污染情况及其与地表水体的关系等。

5. 收集气象、水文、植被、土的最大冻结深度等资料，调查最高洪水位及其发生时间、淹没范围。

6. 查明岩溶、土洞、滑坡、泥石流、崩塌、冲沟、断裂、地震震害和岸边冲刷等不良地质现象的形成、分布、形态、规模、发育程度及其对工程建设的影响。

7. 调查人类工程活动对场地稳定性的影响，包括人工洞穴、地下采空、大挖大填、抽水排水及水库诱发地震等。

8. 建筑物的变形和建筑经验。

三、工程地质测绘范围、比例尺和精度

（一）工程地质测绘范围

在规划建筑区进行工程地质测绘，选择的范围过大会增大工作量，范围过小不能有效查明工程地质条件，满足不了建筑物的要求。因此，需要合理选择测绘范围。

工程地质测绘与调查的范围应包括以下内容：

1.拟建厂址的所有建（构）筑物场地。建筑物规划和设计的开始阶段，涉及较大范围、多个场地的方案比较，测绘范围应包括与这些方案有关的所有地区。当工程进入后期设计阶段，只对某个具体场地或建筑位置进行测量调查，其测绘范围只需局限于某建筑区的小范围内。可见，工程地质测绘范围随勘察阶段的提高而越来越小。

2.影响工程建设的不良地质现象分布范围及其生成发育地段。

3.因工程建设引起的工程地质现象可能影响的范围。建筑物的类型、规模不同，对地质环境的作用方式、强度、影响范围也就不同。工程地质测绘应视具体建筑类型选择合理的测绘范围。例如，大型水库，库水向大范围地质体渗入，必然引起较大范围地质环境变化；一般民用建筑，主要由于建筑物荷重使小范围内的地质环境发生变化。那么，前者的测绘范围至少要包括地下水影响到的地区，而后者的测绘范围不需很大。

4.对查明测区工程地质条件有重要意义的场地邻近地段。

5.工程地质条件特别复杂时，应适当扩大范围。工程地质条件复杂而地质资料不充足的地区，测绘范围应比一般情况下适当扩大，以能充分查明工程地质条件、解决工程地质问题为原则。

（二）工程地质测绘比例尺

工程地质测绘比例尺主要取决于勘察阶段、建筑类型、规模和工程地质条件复杂程度。

建筑场地测绘的比例尺，可行性研究勘察可选用1：5000~1：50000；初步勘察可选用1：2000~1：10 000；详细勘察可选用1：500~1：2 000；同一勘察阶段，当其地质条件比较复杂，工程建筑物又很重要时，比例尺可适当放大。

对工程有重要影响的地质单元体（滑坡、断层、软弱夹层、洞穴、泉等），可采用扩大比例尺表示。

火力发电工程地质测绘的比例尺可按表3-1确定。

表 3-1 火力发电工程地质测绘的比例尺

建筑地段 / 设计阶段	可行性研究	初步设计
厂区、灰坝坝址、取水泵房	1：5000~1：10000	1：1000~1：5000
厂区 / 灰坝坝址、取水泵房	1：5000~1：450000	1：2000~1：5000
水管线、灰管线	1：5000~1：450000	1：12000~1：110000

（三）工程地质测绘精度

所谓测绘精度，是指野外地质现象观察描述及表示在图上的精确程度和详细程度。野外地质现象能否客观地反映在工程地质图上，除了取决于调查人员的技术素养外，还取决于工作细致程度。为此，对野外测绘点数量及工程地质图上表达的详细程度做出原则性规定：地质界线和地质观测点的测绘精度，在图上不应低于 3 mm。

野外观察描述工作中，不论何种比例尺，都要求整个图幅上平均 2~3 cm 范围内应有观测点。例如，比例尺 1：50 000 的测绘，野外实际观察点 0.5~1 个 /km。实际工作中，视条件的复杂程度和观察点的实际地质意义，观察点间距可适当加密或加大，不必平均布点。

在工程地质图上，工程地质条件各要素的最小单元划分应与测绘的比例尺相适应。一般来讲，在图上最小投影宽度大于 2 mm 的地质单元体，均应按比例尺表示在图上。例如，比例尺 1：2 000 的测绘，实际单元体（如断层带）尺寸大于 4 m 者均应表示在图上。重要的地质单元体或地质现象可适当夸大比例尺，即用超比例尺表示。

为了使地质现象精确地表示在图上，要求任何比例尺图上界线误差不得超过 3 mm。为了达到精度要求，通常要求在测绘填图中，采用比提交成图比例尺大一级的地形图作为填图的底图，如进行 1：10000 比例尺测绘时，常采用 1：5000 的地形图作为外业填图底图。外业填图完成后再缩成 1：10000 的成图，以提高测绘的精度。

四、工程地质测绘方法要点

工程地质测绘方法与一般地质测绘方法基本一样，在测绘区合理布置若干条观测路线，沿线布置一些观察点，对有关地质现象观察描述。观察路线布置应以最短路线观察最多的地质现象为原则。野外工作中，要注意点与点、线与线之间地质现象的互相联系，最终形成对整个测区空间上总体概念的认识。同时，还要注意把工程地质条件和拟建工程的作用特点联系起来分析研究，以便初步判断可能存在的工程地质问题。

地质观测点的布置、密度和定位应满足下列要求：

1.在地质构造线、地层接触线、岩性分界线、标准层位和每个地质单元体上应有地质观测点。

2.地质观测点的密度应根据场地的地貌、地质条件、成图比例尺及工程特点等确定，并应具代表性。

3.地质观测点应充分利用天然和人工露头，如采石场、路堑、井、泉等。当露头少时，应根据具体情况布置一定数量的勘探工作。条件适宜时，还可配合进行物探工作，探测地层、岩性、构造、不良地质作用等问题。

4.地质观测点的定位标测，对成图的质量影响很大，应根据精度要求和地质条件的复杂程度选用目测法、半仪器法和仪器法。地质构造线、地层接触线、岩性分界线、软弱夹层、地下水露头、有重要影响的不良地质现象等特殊地质观测点，宜用仪器法定位。

（1）目测法——适用于小比例尺的工程地质测绘，该法是根据地形、地物以目估或步测距离标测。

（2）半仪器法——适用于中等比例尺的工程地质测绘，它是借助于罗盘仪、气压计等简单的仪器测定方位和高度，使用步测或测绳量测距离。

（3）仪器法——适用于大比例尺的工程地质测绘，即借助于经纬仪、水准仪、全站仪等较精密的仪器测定地质观测点的位置和高程。对于有特殊意义的地质观测点，如地质构造线、不同时代地层接触线、不同岩性分界线、软弱夹层、地下水露头及有不良地质作用等，均宜采用仪器法。

（4）卫星定位系统（GPS）——满足精度条件下均可应用

为了保证测绘工作更好地进行，工作开始前应做好充分准备，如文献资料查阅分析工作、现场踏勘和工作部署、标准地质剖面绘制和工程地质填图单元划分等。测绘过程中，要切实做好地质现象记录、资料及时整理、分析等工作。

进行大面积中小比例尺测绘或者在工作条件不便等情况下进行工程地质测绘时，可以借助航片、卫片解译一些地质现象，对于提高测绘精度和工作进度，将会收到良好效果。航片、卫片以其不同的色调、图像形状、阴影、纹形等，反映了不同地质现象的基本特征。对研究地区的航卫片进行细致的解译，便可得到许多地质信息。我国利用航、卫片配合工程地质测绘或解决一些专门问题已取得不少经验。例如，低阳光角航片能迅速有效地查明活断层；红外扫描图片能较好地分析水文地质条件；小比例尺卫片便于进行地貌特征的研究；大比例尺航片对研究滑坡、泥石流、岩溶等物理地质现象非常有效。在进行区域工程地质条件分析，评价区域稳定性，进行区域物理地质现象和水文地质条件调查分析，进行区域规划和选址、地质环境评价和监测等方面，航片、卫片的应用前景是非常广阔的。

收集航片与卫片的数量，同一地区应有2~3套，一套制作镶嵌略图，一套用于野外调绘，一套用于室内清绘。

初步解译阶段，对航片与卫片进行系统的立体观测，对地貌及第四纪地质进行解译，划分松散沉积物与基岩界线，进行初步构造解译等。第二阶段是野外踏勘与验证。携带图像到野外，核实各典型地质体在照片上的位置，并选择一些地段进行重点研究，以及在一定间距穿越一些路线，做一些实测地质剖面和采集必要的岩性地层标本。

利用遥感影像资料解译进行工程地质测绘时，现场检验地质观测点数宜为工程地质测绘点数的30%~50%。野外工作应包括下列内容：检查解译标志；检查解译结果；检查外推结果；对室内解译难以获得的资料进行野外补充。

最后阶段成图，将解译取得的资料、野外验证取得的资料及其他方法取得的资料，集中转绘到地形底图上，然后进行图面结构的分析。如有不合理现象，要进行修正，重新解译。必要时，到野外复验，至整个图面结构合理为止。

五、工程地质测绘与调查的成果资料

工程地质测绘与调查的成果资料应包括工程地质测绘实际材料图、综合工程地质图或工程地质分区图、综合地质柱状图、工程地质剖面图及各种素描图、照片和文字说明。

如果是为解决某一专门的岩土工程问题，也可编绘专门的图件。

在成果资料整理中应重视素描图和照片的分析整理工作。美国、加拿大、澳大利亚等国家的岩土工程咨询公司都充分利用摄影和素描这个手段。这不仅有助于岩土工程成果资料的整理，而且在基坑、竖井等回填后，一旦由于科研上或法律诉讼上的需要，就比较容易恢复和重现一些重要的背景资料。在澳大利亚，几乎每份岩土工程勘察报告都附有典型的彩色照片或素描图。

第二节　工程地质勘探和取样

一、概述

通过工程地质测绘对地面基本地质情况有了初步了解以后，当需进一步探明地下隐伏的地质现象，了解地质现象的空间变化规律，查明岩土的性质和分布，采取岩土试样或进行原位测试时，可采用钻探、井探、槽探、洞探和地球物理勘探等常用的工程地质勘探手段。勘探方法的选取应符合勘察目的和岩土的特性。

勘探方法应具备查明地表下岩土体的空间分布的基本功能：能够按照工程要求的岩土分类方法鉴定区分岩土类别；能够按照工程要求的精度确定岩土类别发生变化的空间位置。另外，由于室内实验的要求，在勘探过程中，需为采取岩、土及地下水试样提供条件以及满足开展某种原位测试的要求。勘探的方法很多，但在一项工程勘察中，一般不会采用所有的勘探方法，而是根据工程项目的特点和要求、勘察阶段和目的，特别是地层特性，有针对性地选择勘探方法。例如，要查明深部土层空间分布，钻探是最合适的方法；如果要探明浅埋地质现象和障碍物，探坑或探槽往往是首选的勘探方法。

现场勘探作业应以勘察纲要为指导，以事先在勘探点平面布置图上确定的勘探点位为依据，并通过场地附近的坐标和高程控制点现场测放定位勘探点。如果受现场地形地物影响需要调整勘探点位，应将实际勘探点位标注在平面图上，并注明与原来点位的偏差距离方位和高程信息。

工程地质勘探的主要任务：探明地下有关的地质情况，揭露并划分地层、量测界线，采取岩土样，鉴定和描述岩土特性、成分和产状；了解地质构造，不良地质现象的分布界限、形态等，如断裂构造、滑动面位置等；为深部取样及现场试验提供条件。自钻孔中选取岩土试样，供实验室分析，以确定岩土的物理力学性质；同时，勘探形成的坑孔可为现场原位试验提供场所，如十字板剪力试验、标准贯入试验、土层剪切波速测试地应力测试、水文地质试验等；揭露并测量地下水埋藏深度，采取水样供实验室分析，了解其物理化学性质及地下水类型；利用勘探坑孔可以进行某些项目的长期观测及不良地质现象处理等工作。

静力触探、动力触探作为勘探手段时，应与钻探等其他勘探方法配合使用。钻探和触探各有优缺点，有互补性，二者配合使用能取得良好的效果。触探的力学分层直观而连续，但单纯的触探由于其多解性容易造成误判。如以触探为主要勘探手段，除非有经验的地区，一般均应有一定数量的钻孔配合。

1. 岩土工程勘察技术工作是岩土工程师根据建设项目的特点和场地条件，按照相关技术标准的规定，通过测绘、勘探、测试和室内实验，取得反映场地岩土工程条件、满足工程分析和设计需要的资料数据，综合研究工程特性、环境地质、工程地质、水文地质和地震地质条件等，经过计算、分析、论证，提出解决岩土工程问题的具体方法、岩土工程设计准则和施工指导意见等，以及工程施工中的岩土工程技术服务。

2. 岩土工程勘察技术工作的主要内容如下：进行现场踏勘，搜集分析研究已有资料，制定岩土工程勘察纲要，对工程地质测绘与调查、勘探与取样、原位测试、工程物探、室内试验、现场试验、检测监测等现场实物工作进行技术指导和督查，以勘察成果为基础，进行资料整理、绘制图表，经过统计计算、分析论证、综合评价，提交岩土工程勘察报告。

3. 岩土工程勘察技术工作收费 =（工程地质测绘实物工作收费 + 勘探实物工作收费 + 取试样实物工作收费 + 原位测试实物工作收费 + 勘探点定点测量实物工作收费 + 钻孔波速测试实物工作收费 + 室内试验实物工作收费）× 岩土工程勘察技术工作费收费比例。

4.在国标《岩土工程勘察规范》中，根据岩土工程重要性、场地复杂程度和地基复杂程度将岩土工程勘察划分为甲级、乙级和丙级3个等级。据此，将技术工作收费比例划分为相对应的3个等级。

5.对利用已有勘察资料提出勘察报告的情况做出规定。由于没有进行勘察作业，技术工作收费无法按照工程勘察实物工作量的一定比例计费。在此情况下，先计算获取已有勘察资料的工程勘察实物工作量；再以该实物工作量为基础，按照本收费标准计算相应的实物工作收费额，以此作为该岩土工程勘察技术工作收费的计费基数。但计算工程勘察收费，不将利用已有勘察资料的实物工作费计算在内。

布置勘探工作时应考虑勘探对工程自然环境的影响，防止对地下管线、地下工程和自然环境的破坏。钻孔、探井和探槽完工后应妥善回填，否则可能造成对自然环境的破坏，这种破坏往往在短期内或局部范围内不易察觉，但能引起严重后果。因此，一般情况下钻孔、探井和探槽均应回填，且应分段回填夯实。

进行钻探、井探槽深和洞探时，应采取有效措施，确保施工安全。

二、工程地质钻探

钻探广泛应用于工程地质勘查，是岩土工程勘察的基本手段。通过钻探提取岩芯和采集岩土样以鉴别和划分地层，测定岩土层的物理力学性质，需要时还可直接在钻孔内进行原位测试，其成果是进行工程地质评价和岩土工程设计、施工的基础资料，钻探质量的高低对整个勘察的质量起决定性的作用。除地形条件对机具安置有影响外，几乎任何条件下均可使用钻探方法。由于钻探工作耗费人力、物力和财力较大，因此，要在工程地质测绘及物探等工作基础上合理布置钻探工作。

钻探工作中，岩土工程勘察技术人员主要做三方面工作：一是编制作为钻探依据的设计书；二是在钻探过程中进行岩心观测、编录；三是钻探结束后进行资料内业整理。

（一）钻孔设计书编制

钻探工作开始之前，岩土工程勘察技术人员除编制整个项目的岩土工程勘察纲要外，还应逐个编制钻孔设计书。在设计书中，应向钻探技术人员阐明如下内容：

1.钻孔的位置，钻孔附近地形、地质概况。

2.钻孔目的及钻进中应注意的问题。

3.钻孔类型、孔深、孔身结构、钻进方法、开孔和终孔直径、扩径深度、钻进速度及固壁方式等。

4.应根据已掌握的资料，绘制钻孔设计柱状剖面图，说明将要遇到的地层岩性、地质构造及水文地质情况，以便钻探人员掌握一些重要层位的位置，加强钻探管理，并据此确定钻孔类型、孔深及孔身结构。

5.提出工程地质要求，包括岩心采取率、取样、孔内试验、观测、止水及编录等各方面的要求。

6.说明钻探结束后对钻孔的处理意见，钻孔留作长期观测或封孔。

（二）钻探方法的选择

工程地质勘查中使用的钻探方法较多。一般情况下，采用机械回转式钻进，常规口径为开孔168mm、终孔91mm。但不是所有的方法都能满足岩土工程勘察的特定要求。例如，冲洗钻探能以较高的速度和较低的成本达到某一深度，能了解松软覆盖层下的硬层（如基岩、卵石）的埋藏深度，但不能准确鉴别所通过的地层。因此一定要根据勘察的目的和地层的性质来选择适当的钻探方法，既满足质量标准，又避免不必要的浪费。

1.地层特点及钻探方法的有效性。

2.能保证以一定的精度鉴别地层，包括鉴别钻进地层的岩土性质、确定其埋藏深度与厚度，能查明钻进深度范围内地下水的赋存情况。

3.尽量避免或减轻对取样段的扰动影响，能采取符合质量要求的试样或进行原位测试。

在踏勘调查基坑检验等工作中可采用小口径螺旋钻、小口径勺钻、洛阳铲等简易钻探工具进行浅层土的勘探。

实际工作中的偏向是着重注意钻进的有效性，而不太重视如何满足勘察技术要求。为了避免这种偏向，达到一定的目的，制定勘察工作纲要时，不仅要规定孔位、孔深，而且要规定钻探方法。钻探单位应按任务书指定的方法钻进，提交成果中也应包括钻进方法的说明。在实际工程中，钻探的一个重要功能是为采取满足质量要求的试样提供条件。对于要求采取岩土试样的钻孔，应采用扰动小的回转钻进方法。如在黏性土层钻进，根据经验一般可采用螺旋钻进；对于碎石土，可采用植物胶浆液护臂金刚石单动双管钻具钻进。

钻探方法和工艺多年来一直在不断发展。例如，用于覆盖层的金刚石钻进、全孔钻进及循环钻进，定向取芯、套钻取芯工艺，用于特种情况的倒锤孔钻进，软弱夹层钻进等等，这些特殊钻探方法和工艺在某些情况下有其特殊的使用价值。对于需要鉴别土层天然湿度和划分土层的钻孔，在地下水位以上，应采用干钻。如果需要加水或使用循环液时，应采用内管超前的双层岩芯管钻进或三重管取土器钻进。

一般条件下，工程地质钻探采用垂直钻进方式。某些情况下，如被调查的地层倾角较大，可选用斜孔或水平孔钻进。

总之，在选择钻探方法时，首先应考虑所选择的钻探方法是否能够有效地钻至所需深度，并能以一定的精度鉴定穿过地层的岩土类别和特性，确定其埋藏深度、分层界线和厚度，查明钻进深度范围内地下水的赋存情况；其次要考虑能够满足取样要求，或进行原位测试，避免或减轻对取样段的扰动。

（三）钻探技术要求

1. 钻探点位测设于实地应符合下列要求：

（1）初步勘察阶段：平面位置允许偏差 ±0.5 m，高程允许偏差 ±5 cm。

（2）详细勘察阶段：平面位置允许偏差 ±0.25m，高程允许偏差 ±5cm；城市规划勘察阶段选址勘察阶段：可利用适当比例尺的地形图依地形地物特征确定钻探点位和孔口高程。钻进深度、岩土分层深度的测量误差范围不应低于 ±5 cm。

（3）因障碍改变钻探点位时，应将实际钻探位置及时标明在平面图上，注明与原桩位的偏差距离、方位和地面高差，必要时应重新测定点位。

（4）钻孔口径和钻具规格应根据钻探目的和钻进工艺，采取原状土样的钻孔，口径不得小于91mm，仅需鉴别地层的钻孔，口径不宜小于36mm；在湿陷性黄土中，钻孔口径不宜小于150 mm。

（5）应严格控制非连续取芯钻进的回次进尺，使分层精度符合要求。

螺旋钻探回次进尺不宜超过 1.0 m，在主要持力层中或重点研究部位，回次进尺不宜超过 0.5 m，并应满足鉴别厚度小至 20 cm 的薄层的要求。对岩芯钻探，回次进尺不得超过岩芯管长度，在软质岩层中不得超过 2.0 m。

在水下粉土、砂土层中钻进，当土样不易带上地面时，可用对分式取样器或标准贯入器间断取样，其间距不得大于 1.0 m。取样段之间则用无岩芯钻进方式通过，亦可采用无泵反循环方式用单层岩芯管回转钻进并连续取芯。

（6）为了尽量减少对地层的扰动，保证鉴别的可靠性和取样质量，对要求鉴别地层和取样的钻孔，均应采用回转方式钻进，取得岩土样品。遇到卵石、漂石、碎石、块石等类地层不适用于回转钻进时，可改用振动回转方式钻进。

对鉴别地层天然湿度的钻孔，在地下水位以上应进行干钻。当必须加水或使用循环液时，应采用能隔离冲洗液的二重或三重管钻进取样。在湿陷性黄土中应采用螺旋钻头钻进，亦可采用薄壁钻头锤击钻进。操作应符合"分段钻进、逐次缩减、坚持清孔"的原则。

对可能坍塌的地层应采取钻孔护壁措施。在浅部填土及其他松散土层中可采用套管护壁。在地下水位以下的饱和软黏性土层、粉土层和砂层中宜采用泥浆护壁。在破碎岩层中可视需要采用优质泥浆、水泥浆或化学浆液护壁。冲洗液漏失严重时，应采取充填、封闭等堵漏措施。钻进中应保持孔内水头压力等于或稍大于孔周地下水压，提钻时应能通过钻头向孔底通气通水，防止孔底土层由于负压、管涌而受到扰动破坏。如若采用螺纹钻头钻进，则引起管涌的可能性较大，故必须采用带底阀的空心螺纹钻头（提土器），以防止提钻时产生负压。

（7）岩芯钻探的岩心采取率应逐次计算，完整和较完整岩体不应低于80%，较破碎和破碎岩体不应低于 65%。对需重点查明的部位（滑动带、软弱夹层等）应采用双层岩芯管连续取芯。当需要确定岩石质量指标 RQD 时，应采用 75 mm 口径（N 型）双层岩芯管和金刚石钻头。

（8）钻进过程中各项深度数据均应测量获取，累计量测允许误差为 ±5 cm。深度超过 100m 的钻孔及有特殊要求的钻孔包括定向钻进、跨孔法测量波速，应测斜、防斜，保持钻孔的垂直度或预计的倾斜度与倾斜方向。对垂直孔，每 50 m 测量一次垂直度，每深 100 m 允许偏差为 ±2°。对斜孔，每 25m 测量一次倾斜角和方位角，允许偏差应根据勘探设计要求确定。钻孔斜度及方位偏差超过规定时，应及时采取纠斜措施。倾角及方位的测量精度应分别为 ±0.1°、±3.0°。

（四）地下水观测

对钻孔中的地下水位及动态，含水层的水位标高、厚度、地下水水温、水质、钻进中冲洗液消耗量等，要做好观测记录。

钻进中遇到地下水时，应停钻量测初见水位。为测得单个含水层的静止水位，对砂类土停钻时间不少于 30 min；对粉土不少于 1 h；对黏性土层不少于 24 h，并应在全部钻孔结束后，同一天内量测各孔的静止水位。水位测量可使用测水钟或电测水位计。水位允许误差为 ±1.0 cm。

钻孔深度范围内有两个以上含水层，且钻探任务书要求分层量测水位时，在钻穿第一含水层并进行静止水位观测之后，应采用套管隔水，抽干孔内存水，变径钻进，再对下一含水层进行水位观测。

因采用泥浆护壁影响地下水位观测时，可在场地范围内另外布置若干专用的地下水位观测孔，这些钻孔可改用套管护壁。

（五）钻探编录与成果

野外记录应由经过专业训练的人员承担。钻探记录应在钻探进行过程中同时完成，严禁事后追记，记录内容应包括岩土描述及钻进过程两个部分。

钻探现场记录表的各栏均应按钻进回次逐项填写。在每个回次中发现变层时，应分行填写，不得将若干回次或若干层合并一行记录。现场记录不得誊录转抄，误写之处可以画去，在旁边做更正，不得在原处涂抹修改。

1. 岩土描述

钻探现场描述可采用肉眼鉴别、手触方法，有条件或勘察工作有明确要求时，可采用微型贯入仪等标准化、定量化的方法。

各类岩土描述应包括的内容如下：

（1）砂土：应描述名称、颜色、湿度、密度、粒径、浑圆度、胶结物、包含物等。

（2）黏性土、粉土：应描述名称、颜色、湿度、密度、状态、结构、包含物等。

（3）岩石：应描述颜色、主要矿物、结构、构造和风化程度。对沉积岩尚应描述颗粒大小、形状、胶结物成分和胶结程度；对岩浆岩和变质岩尚应描述矿物结晶大小和结晶程度。对岩体的描述还应包括结构面、结构体特征和岩层厚度。

2. 钻进过程的记录内容

关于钻进过程的记录内容应符合下列要求：

（1）使用的钻进方法、钻具名称、规格、护壁方式等。

（2）钻进的难易程度、进尺速度、操作手感、钻进参数的变化情况。

（3）孔内情况，应注意缩径、回淤、地下水位或冲洗液位及其变化等。

（4）取样及原位测试的编号深度位置、取样工具名称规格、原位测试类型及其结果。

（5）岩心采取率、RQD 值等。

应对岩芯进行细致的观察、鉴定，确定岩土体名称，进行岩土有关物理性状的描述。钻取的芯样应由上而下按回次顺序放进岩芯箱并按次序将岩芯排列编号，芯样侧面上应清晰标明回次数块号本回次总块数，如用 10 表示第 10 回次共 8 块芯样中的第 3 块，并做好岩芯采取情况的统计工作，包括岩芯采取率、岩芯获得率和岩石质量指标的统计。此三项指标均是反映岩石质量好坏的依据，其数值越大，反映岩石性质越好。但是，性质并不好的破碎或软弱岩体，有时也可以取得较多的细小岩芯，倘若按岩芯采取率与岩芯获得率统计，也可以得到较高的数值，按此标准评价其质量，显然不合理，因而，在实际中广泛使用 RQD 指标进行岩芯统计，评价岩石质量好坏。

（6）其余异常情况。

3. 钻探成果

资料整理主要包括以下工作：

（1）编制钻孔柱状图。

（2）填写操作及水文地质日志。

（3）岩土芯样可根据工程要求保存一定期限或长期保存，亦可进行岩芯素描或拍摄岩芯、土芯彩照。

这三份资料实质上是前述工作的图表化直观反映，它们是最终的钻探成果，一定要认真整理、编制，以备存档查用。

三、工程地质坑探

当钻探方法难以准确查明地下情况时，可采用探井、探槽进行勘探。在坝址、地下工程、大型边坡等勘察中，需详细查明深部岩层性质、构造特征时，可采用竖井或平硐。

（一）坑探工程类型

坑探是由地表向深部挖掘坑槽或坑洞，以便地质人员直接深入地下了解有关地质现象或进行试验等使用的地下勘探工作。勘探中常用的勘探工程包括探槽、试坑、浅井（或斜井）、平硐、石门（平巷）等类型。

（二）坑探工程施工要求

探井的深度、竖井和平硐的深度、长度、断面按工程要求确定。

探井断面可用圆形或矩形。圆形探井直径可取 0.8~1.0 m；矩形探井可取 0.8 m×1.2m。根据土质情况，需要适当放坡或分级开挖时，井口可大于上述尺寸。

探井探槽深度不宜超过地下水位且不宜超过 20 m。掘进深度超过 10 m，必要时应向井、槽底部通风。

土层易坍塌，又不允许放坡或分级开挖时，对井槽壁应设支撑保护。根据土质条件可采用全面支护或间隔支护。全面支护时，应每隔 0.5m 及在需要着重观察部位留下检查间隙。

探井、探槽开挖过程中的土石方必须堆放在离井槽口边缘至少 1.0 m 以外的地方。雨季施工应在井、槽口设防雨棚，开挖排水沟，防止地面水及雨水流入井、槽内。

遇大块孤石或基岩，用一般方法不能掘进时，可采用控制爆破方式掘进。

（三）资料成果整理

坑探掘进过程中或成洞后，应详细进行有关地质现象的观察描述，并将所观察到的内容用文字及图表表示出来，即工程地质编录工作。除文字描述记录外，尚应以剖面图、展示图等反映井、槽、洞壁和底部的岩性、地层分界、构造特征、取样和原位试验位置并辅以代表性部位的彩色照片。

1.坑洞地质现象的观察描述

观察、描述的内容因类型及目的不同而不同，一般包括以下内容：地层岩性的分层和描述；地质结构（包括断层、裂隙、软弱结构面等）特征的观察描述；岩石风化特点描述及分带；地下水渗出点位置及水质水量调查；不良地质现象调查；等等。

2.坑探工程展示图编制

展示图是任何坑探工程必须制作的重要地质图件，它是将每一壁面的地质现象按划分的单元体和一定比例尺表示在一张平面图上。对于坑洞任一壁（或顶底）面而言，展示图的做法同测制工程地质剖面方法完全一样。但如何把每个壁面有机地连在一起，表示在一张图上，则有不同的展开表示方法。原则上既要如实反映地质内容，又要图件实用美观，一般有如下展开方法：

（1）四面辐射展开法

该法是将四壁各自向外放平，投影在一个平面上。对于试坑或浅井等近立方形坑洞可以采用这种方法。缺点是四面辐射展开图件不够美观，而且地质现象往往被割裂开来。

（2）四面平行展开法

该法是以一面为基准，其他三面平行展开。浅井、竖井等竖向长方体坑洞宜采用此种展开法。缺点是图中无法反映壁面的坡度。平硐这类水平长方体，宜以底面（或顶面）为基准，两壁面展开，为了反映顶、底、两侧壁及工作面等5个面的情况，在展开过程中，常常遇到开挖面不平直或有一定坡度的问题。一般情况下，可按理想的标准开挖面考虑；否则，采用其他方法予以表示。

四、岩土试样的采取

取样的目的是通过对样品的鉴定或试验，试验岩、土体的性质，获取有关岩、土体的设计计算参数。岩土体特别是土体通常是非均质的，而取样的数量总是有限，因此必须力求以有限的取样数量反映整个岩、土体的真实性状。这就要求采用良好的取样技术，包括取样的工具和操作方法，使所取试样能尽可能地保持岩土的原位特征。

（一）土试样的质量分级

严格地说，任何试样，一旦从母体分离出来成为样品，其原位特征或多或少会发生改变，围压的变化更是不可避免的。试样从地下到达地面之后，原位承受的围压降低至大气压力。

土试样可能因此产生体积膨胀，孔隙水压的重新分布，水分的转移可能会使岩石试样出现裂隙地张开甚至发生爆裂。软质岩石与土试样很容易在取样过程中受到结构的扰动破坏，取出地面之后，密度、湿度改变并发生一系列物理、化学的变化。由于这些原因，绝对的代表原位性状的试样是不可能获得的。因此，Hvorslev 将"能满足所有室内试验要求，能用以近似测定土的原位强度、固结、渗透以及其他物理性质指标的土样"定义为"不扰动土样"。从工程实用角度而言，用于不同试验项目的试样有不同的取样要求，不必强求一律。例如，要求测定岩土的物理、化学成分时，必须注意防止有同层次岩土的混淆；要了解岩土的密度和湿度时，必须尽量减轻试样的体积压缩或松胀、水分的损失或渗入；要了解岩土的力学性质时，除上述要求外，还必须力求避免试样的结构扰动破坏。

土试样质量应根据试验目的按表 3-2 分为四个等级。

表 3-2　土试样质量等级

级别	扰动程度	试验内容
一	不扰动	土类定名、含水量，密度，强度试验，固结试验
二	轻微扰动	土类定名、含水量，密度土类定名，含水量土类定名

级别	扰动程度	试验内容
三	显著扰动	土类定名,含水量
四	完全扰动	土类定名

注:①不扰动是指原位应力状态虽已改变,但土的结构、密度和含水量变化很小不能满足室内试验各项要求。

②除地基基础设计等级为甲级的工程外,在工程技术要求允许的情况下可用 I 级土试样进行强度和固结试验,但宜先对土试样受扰动程度做抽样鉴定,判定用于试验的适宜性,并结合地区经验使用试验成果。

土试样扰动程度的鉴定有多种方法,大致可分为以下几类:

1.现场外观检查

观察土样是否完整,有无缺陷,取样管或衬管是否挤扁、弯曲、卷折等。

2.测定回收率

按照 Hvorslev 的定义,回收率为 L/H,其中,H 为取样时取土器贯入孔底以下土层的深度;L 为土样长度,可取土试样毛长,而不必是净长,即可从土试样顶端算至取土器刃口,下部如有脱落可不扣除。

回收率等于 0.98 左右是最理想的,大于 1.0 或小于 0.95 是土样受扰动的标志;取样回收率可在现场测定,但使用敞口式取土器时,测定有一定的困难。

3.X 射线检验

可发现裂纹、空洞、粗粒包裹体等。

应当指出,上述指标的特征值不仅取决于土试样的扰动程度,而且与土的自身特性和试验方法有关,故不可能提出一个统一的衡量标准,各地应按照本地区的经验参考使用上述方法和数据。

一般而言,事后检验把关并不是保证土试样质量的积极措施。对土试样做质量分级的指导思想是强调事先的质量控制,即对采取某一级别土试样所必须使用的设备和操作条件做出严格的规定。

(二)土试样采取的工具和方法

土样采取有两种途径:一是操作人员直接从探井、探槽中采取;二是在钻孔中通过取土器或其他钻具采取。从探井、探槽中采取的块状或盒状土样被认为是质量最高的。对土试样质量的鉴定,往往以块状或盒状土样作为衡量比较的标准。但是,探井、探槽开挖成本高、时间长并受到地下水等多种条件的制约,因此块状、盒状土样不是经常能得到的。实际工程中,绝大部分土试样是在钻孔中利用取土器具采取的。个别孔取样需要根据岩、土性质、环境条件,采用不同类型的钻孔取土器。

1.钻孔取土器的分类

钻孔取土器类型如表 3-3 所示。

表 3-3 钻孔取土器类型

取土器划分原则	取土器类型
按贯入方式	锤击式，回转式，包括静压式
按取样管壁厚度	厚壁，薄壁，束节式
按结构特征（底端是否封闭）	敞口式，活塞式（包括固定活塞式、自由活塞式、水压固定活塞式）
回转式按衬管活动情况	双层单动取土器（如丹尼森取土器、皮切尔取土器）双层双动取土器（二重管，三重管）
按封闭形式	球阀式，活阀式，气压式

2.钻孔取土器的技术参数与系列规格

贯入型取土器的取样质量首先决定于它的取样管的几何尺寸与形状。早在 20 世纪 40 年代，通过大量的试验研究，提出了取土器设计制造所应控制的基本技术参数。

为了促进我国取土器的标准化、系列化，我国工程勘察协会原状取土器标准化系列化工作委员会提出了中国取土器的系列标准。

在钻孔中采取 I、II 级砂样时，可采用原状取砂器，也可采用冷冻法采取砂样。

（三）钻孔取样的技术要求

钻孔取样的效果不单纯决定于采用什么样的取土器，还取决于取样全过程的操作技术。在钻孔中采取 I、II 级砂样时，应满足下列要求：

1.钻孔施工的一般要求

（1）采取原状土样的钻孔，孔径应比使用的取土器外径大一个径级。

（2）在地下水位以上，应采用干法钻进，不得注水或使用冲洗液。土质较硬时，可采用二（三）重管回转取土器，钻进、取样合并进行。

（3）在饱和软黏性土、粉土、砂土中钻进，宜采用泥浆护壁；采用套管时应先钻进后跟进套管，套管的下设深度与取样位置之间应保留三倍管径以上的距离；不得向未钻过的土层中强行击入套管；为避免孔底土隆起受扰，应始终保持套管内的水头高度等于或稍高于地下水位。

（4）钻进宜采用回转方式；在地下水位以下钻进应采用通气通水的螺旋钻头、提土器或岩芯钻头，在鉴别地层方面无严格要求时，也可以采用侧喷式冲洗钻头成孔，但不得使用底喷式冲洗钻头；在采取原状土试样的钻孔中，不宜采用振动或冲击方式钻进，采用冲洗、冲击、振动等方式钻进时，应在预计取样位置 1 m 以上改用回转钻进。

（5）下放取土器前应仔细清孔，清除扰动土，孔底残留浮土厚度不应大于取土器废土段长度（活塞取土器除外）且不得超过 5cm。

（6）钻机安装必须牢固，保持钻进平稳，防止钻具回转时抖动，升降钻具时应避免对孔壁的扰动破坏。

2. 贯入式取土器取样操作要求

（1）取土器应平稳下放，不得冲击孔底。取土器下放后，应核对孔深与钻具长度，发现残留浮土厚度超过规定时，应提起取土器重新清孔。

（2）采取 I 级原状土试样，应采用快速、连续的静压方式贯入取土器，贯入速度不小于 0.1m/s，利用钻机的给进系统施压时，应保证具有连续贯入的足够行程；采取 II 级原状土试样可使用间断静压方式或重锤少击方式。

（3）在压入固定活塞取土器时，应将活塞杆牢固地与钻架连接起来，避免活塞向下移动；在贯入过程中监视活塞杆的位移变化时，可在活塞杆上设定相对于地面固定点的标志测记其高差；活塞杆位移量不得超过总贯入深度的 1%。

（4）贯入取样管的深度宜控制在总长的 90% 左右；贯入深度应在贯入结束后仔细量测并记录。

（5）提升取土器之前，为切断土样与孔底土的联系，可以回转 2~3 圈或者稍加静置之后再提升。

（6）提升取土器应做到均匀平稳，避免磕碰。

3. 回转式取土器取样操作要求

（1）采用单动、双动二（三）重管采取原状土试样，必须保证平稳回转钻进，使用的钻杆应事先校直；为避免钻具抖动，造成土层的扰动，可在取土器上加接重杆。

（2）冲洗液宜采用泥浆，钻进参数宜根据各场地地层特点通过试钻确定或根据已有经验确定。

（3）取样开始时应将泵压、泵量减至能维持钻进的最低限度，然后随着进尺的增加，逐渐增加至正常值。

（4）回转取土器应具有可改变内管超前长度的替换管靴；内管口至少应与外管齐平，随着土质变软，可使内管超前增加至 50~150 mm；对软硬交替的土层，宜采用具有自动调节功能的改进型单动二（三）重管取土器。

（5）对硬塑以上的硬质黏性土、密实砾砂、碎石土和软岩中，可使用双动三重管取样器采取原状土试样；对于非胶结的砂、卵石层，取样时可在底靴上加置逆爪。

（6）采用无泵反循环钻进工艺，可以用普通单层岩芯管采取砂样；在有充足经验的地区和可靠操作的保证下，可作为 II 级原状土试样。

（四）土样的现场检验、封装、贮存、运输

1. 土试样的卸取

取土器提出地面之后，小心地将土样连同容器（衬管）卸下，并应符合下列要求：

（1）以螺钉连接的薄壁管，卸下螺钉即可取下取样管。

（2）对丝扣连接的取样管回转型取土器，应采用链钳、自由钳或专用扳手卸开，不得使用管钳之类易使土样受挤压或使取样管受损的工具。

（3）采用外管非半合管的带衬管取土器时，应使用推土器将衬管与土样从外管推出，并应事先将推土端土样削至略低于衬管边缘，防止推土时土样受压。

（4）对各种活塞取土器，卸下取样管之前应打开活塞气孔，消除真空。

2. 土样的现场检验

对钻孔中采取的 I 级原状土试样，应在现场测量取样回收率。取样回收率大于 1.0 或小于 0.95 时，应检查尺寸量测是否有误，土样是否受压，根据情况决定土样废弃或降低级别使用。

3. 封装、标识、贮存和运输

1、2、3 级土试样应妥善密封，防止湿度变化，土试样密封后应置于温度及湿度变化小的环境中，严防曝晒或冰冻。土样采取之后至开土试验之间的贮存时间，不宜超过两周。

土样密封可选用下列方法：

（1）将上下两端各去掉约 20mm，加上一块与土样截面面积相当的不透水圆片，再浇灌蜡液，至与容器齐平，待蜡液凝固后扣上胶或塑料保护帽。

（2）用配合适当的盒盖将两端盖严后，将所有接缝用纱布条蜡封或用粘胶带封口。

每个土样封蜡后均应填贴标签，标签上下应与土样上下一致，并牢固地粘贴于容器外壁。土样标签应记载下列内容：工程名称或编号；孔号、土样编号、取样深度；土类名称；取样日期；取样人姓名等。土样标签记载应与现场钻探记录相符。取样的取土器型号、贯入方法、锤击时击数、回收率等应在现场记录中详细记载。

运输土样，应采用专用土样箱包装，土样之间用柔软缓冲材料填实。一箱土样总重不宜超过 40kg，在运输中应避免振动。对易于振动液化和水分离析的土试样，不宜长途运输，宜在现场就近进行试验。

（五）岩石试样

岩石试样可利用钻探岩芯制作或在探井、探槽、竖井和平洞中刻取。采取的毛样尺寸应满足试块加工的要求。在特殊情况下，试样形状、尺寸和方向由岩体力学试验设计确定。

五、工程地质物探

应用于工程建设水文地质和岩土工程勘测中的地球物理勘探统称工程物探（以下简称物探）。它是利用专门仪器探测地壳表层各种地质体的物理场，包括电场、磁场、重力场等，通过测得的物理场特性和差异来判明地下各种地质现象，获得某些物理性质参数的一种勘探方法。这些物理场特性和差异分别由于各地质体间导电性、磁性、弹性、密度、放射性、波动性等物理性质及岩土体的含水性、空隙性、物质成分、固结胶结程度等物理状态的差异表现出来。采用不同探测方法可以测定不同的物理场，因而便有电法勘探、地震勘探、磁法勘探等物探方法。目前常用的方法有电法、地震法、测井法、岩土原位测试技术、基桩无损检测技术、地下管线探测技术、氡气探测技术、声波测试技术、瑞雷波测试技术等。

（一）物探在岩土工程勘察中的作用

物探是地质勘测、地基处理、质量检测的重要手段。结合工程建设勘测设计的特点，合理地使用物探，可提高勘测质量，缩短工作周期，降低勘探成本。岩土工程勘察中可在下列方面采用地球物理勘探：

1. 作为钻探的先行手段，了解隐蔽的地质界线、界面或异常点。

2. 作为钻探的辅助手段，在钻孔之间增加地球物理勘探点，为钻探成果的内插外推提供依据。

3. 作为原位测试手段，测定岩土体的波速、动弹性模量、特征周期、土对金属的腐蚀性等参数。

（二）物探方法的适用条件

应用地球物理勘探方法时，应具备下列基本条件：

1. 被探测对象与周围介质应存在明显的物性（电性、弹性、密度、放射性等）差异。

2. 探测对象的厚度、宽度或直径，相对于埋藏深度应具有一定的规模。

3. 探测对象的物性异常能从干扰背景中清晰分辨。

4. 地形影响不应妨碍野外作业及资料解释，或对其影响能利用现有手段进行地形修正。

5. 物探方法的有效性，取决于最大限度地满足被探测对象与周围介质应存在的明显物性差异。在实际工作中，由于地形、地貌、地质条件的复杂多变，在具体应用时，应符合下列要求：

（1）通过研究和在有代表性地段进行方法的有效性试验，正确选择工作方法；

（2）利用已知地球物理特征进行综合物探方法研究；

（3）运用勘探手段查证异常性质，结合实际地质情况对异常进行再推断。

物探方法的选择，应根据探测对象的埋深、规模及其与周围介质的物性差异，结合各种物探方法的适用条件选择有效的方法。

（三）物探的一般工作程序

物探的一般工作程序是接受任务、收集资料、现场踏勘、编制计划、方法试验、外业工作、资料整理、提交成果。在特殊情况下，也可以简化上述程序。

在正式接受任务前，应会同地质人员进行现场踏勘，如有必要应进行方法试验。

通过踏勘或方法试验确认不具备物探工作条件时，可申述理由请求撤销或改变任务。

工作计划大纲应根据任务书要求，在全面收集和深入分析测区及其邻近区域的地形、地貌、水系、气象、交通、地质资料与已知物探资料的基础上，结合实际情况进行编制。

（四）物探成果的判识及应用

物探过程中，工程地质、岩土工程和地球物理勘探的工程师应密切配合，共同制订方案，分析判认成果。

进行物探成果判识时，应考虑其多解性，区分有用信息与干扰信号。物探工作必须紧密地与地质相结合，重视试验及物性参数的测定，充分利用岩土介质的各种物理特性，需要时应采用多种方法探测，开展综合物探，进行综合判识，克服单一方法条件性、多解性的局限，以获得正确的结论，并应有已知物探参数或一定数量的钻孔验证。

物探工作应积极采用和推广新技术，开拓新途径，扩大应用范围；重视物探成果的验证及地质效果的回访。

第三节　原位测试

在岩土工程勘察中，原位测试是十分重要的手段，在探测地层分布、测定岩土特性、确定地基承载力等方面有突出的优点，应与钻探取样和室内试验配合使用。在有经验的地区，可以原位测试为主。在选择原位测试方法时，应根据岩土条件、设计对参数的要求、设备要求、勘察阶段、地区经验和测试方法的适用性等因素选用，而地区经验的成熟程度最为重要。

布置原位测试，应注意配合钻探取样进行室内试验。一般应以原位测试为基础，在选定的代表性地点或有重要意义的地点采取少量试样，进行室内试验。这样的安排有助于缩短勘察周期，提高勘察质量。

根据原位测试成果，利用地区性经验估算岩土工程特性参数和对岩土工程问题做出评价时，应与室内试验和工程反算参数做对比，检验其可靠性。原位测试成果的应用，应以地区经验的积累为依据。由于我国各地的土层条件、岩土特性有很大差别，建立全国统一的经验关系是不可取的，应建立地区性的经验关系，这种经验关系必须经过工程实践的验证。

原位测试的仪器设备应定期检验和标定。各种原位测试所得的试验数据，造成误差的因素是较为复杂的，分析原位测试成果资料时，应注意仪器设备、试验条件、试验方法、操作技能、土层的不均匀性等对试验的影响，对此应有基本的估计，结合地层条件，剔除异常数据，提高测试数据的精度。静力触探和圆锥动力触探，在软硬地层的界面上，有超前和滞后效应，应予以注意。

一、载荷试验

（一）载荷试验的目的、分类和适用范围

载荷试验简称 DLT（Dead Load Test），用于测定承压板下应力主要影响范围内岩土的承载力和变形模量。天然地基土载荷试验有平板、螺旋板载荷试验两种，常用的是平板载荷试验。

平板载荷试验（plate loading test）是在岩土体原位用一定尺寸的承压板，施加竖向荷载，同时观测各级荷载作用下承压板沉降，测定岩土体承载力和变形特性；平板载荷试验有浅层平板、深层平板载荷试验两种。浅层平板载荷试验，适用于浅层地基土。对于地下深处和地下水位以下的地层，浅层平板载荷试验已显得无能为力。深层平板载荷试验适用于深层地基土和大直径桩的桩端土。深层平板载荷试验的试验深度不应小于 5m。

螺旋板载荷试验（screw plate loading test）是将螺旋板旋入地下预定深度，通过传力杆向螺旋板施加竖向荷载，同时量测螺旋板沉降测定土的承载力和变形特性。螺旋板载荷试验适用于深层地基土或地下水位以下的地基土。进行螺旋板载荷试验时，如旋入螺旋板深度与螺距不相协调，土层也可能发生较大扰动。当螺距过大，竖向荷载作用大，可能发生螺旋板本身的旋进，影响沉降的量测。这些问题，应注意避免。

（二）试验设备

1. 平板载荷试验设备

平板载荷试验设备一般由加荷及稳压系统、反力锚定系统和观测系统三部分组成：

（1）加荷及稳压系统：由承压板、立柱、油压千斤顶及稳压器等组成。采用液压加荷稳压系统时，还包括稳压器、储油箱和高压油泵等，分别用高压胶管连接与加荷千斤顶构成一个油路系统。

（2）反力锚定系统：常采用堆重系统或地锚系统，也有采用坑壁（或洞顶）反力支撑系统。

（3）观测系统：用百分表观测或自动检测记录仪记录，包括百分表（或位移传感器）、基准梁等。

2. 螺旋板载荷试验设备

国内常用的是由华东电力设计院研制的 YDL 型螺旋板载荷试验仪。该仪器是由地锚和钢梁组成反力架，螺旋承压板上端装有压力传感器，由人力通过传力杆将承压板

旋入预定的试验深度，在地面上用液压千斤顶通过传力杆对板施加荷载，沉降量是通过传力杆在地面上量测。

（三）试验点位置的选择

天然地基载荷试验点应布置在有代表性的地点和基础底面标高处，且布置在技术钻孔附近。当场地地质成因单一、土质分布均匀时，试验点离技术钻孔距离不应超过10m，反之不应超过5m，也不宜小于2m。严格控制试验点位置选择的目的是使载荷试验反映的承压板影响范围内地基土的性状与实际基础下地基土的性状基本一致。

载荷试验点，每个场地不宜少于3个，当场地内岩土体不均时，应适当增加。

一般认为，载荷试验在各种原位测试中是最为可靠的，并以此作为其他原位测试的对比依据。但这一认识的正确性是有前提条件的，即基础影响范围内的土层应均一。实际土层往往是非均质土或多层土，当土层变化复杂时，载荷试验反映的承压板影响范围内地基土的性状与实际基础下地基土的性状将有很大的差异。故在进行载荷试验时，对尺寸效应要有足够的估计。

（四）试验的一般技术要求

1. 浅层平板载荷试验的试坑宽度或直径不应小于承压板宽度或直径的3倍；深层平板载荷试验的试井直径应等于承压板直径；当试井直径大于承压板直径时，紧靠承压板周围土的高度不应小于承压板直径。

对于深层平板载荷试验，试井截面应为圆形，直径宜取0.8~1.2m，并有安全防护措施；承压板直径取800mm时，采用厚约300mm的现浇混凝土板或预制的刚性板；可直接在外径为800mm的钢环或钢筋混凝土管柱内浇筑；紧靠承压板周围土层高度不应小于承压板直径，以尽量保持半无限体内部的受力状态，避免试验时土的挤出；用立柱与地面的加荷装置连接，也可利用井壁护圈作为反力，加荷试验时应直接测读承压板的沉降。

2. 试坑或试井底应注意使其尽可能平整，应避免岩土扰动，保持其原状结构和天然湿度，并在承压板下铺设不超过20mm的砂垫层找平，尽快安装试验设备，保证承压板与土之间有良好的接触；螺旋板头入土时，应按每转一圈下入一个螺距进行操作，减少对土的扰动。

3. 载荷试验宜采用圆形刚性承压板，根据土的软硬或岩体裂隙密度选用合适的尺寸；土的浅层平板载荷试验承压板面积不应小于0.25㎡，对软土和粒径较大的填土不应小于0.5㎡，否则易发生歪斜；对碎石土，要注意碎石的最大粒径；对硬的裂隙黏土及岩层，要注意裂隙的影响；土的深层平板载荷试验承压板面积宜选用0.5㎡；岩石载荷试验承压板的面积不宜小于0.07㎡。

4. 载荷试验加荷方式应采用分级维持荷载沉降相对稳定法（常规慢速法）；有地

区经验时，可采用分级加荷沉降非稳定法（快速法）或等沉速率法，以加快试验周期。如试验目的是确定地基承载力，必须有对比的经验；如试验目的是确定土的变形特性，则快速加荷的结果只反映不排水条件的变形特性，不反映排水条件的固结变形特性；加荷等级宜取 10~12 级，并不应少于 8 级，荷载量测精度不应低于最大荷载的 ±1%。

5. 承压板的沉降可采用百分表或电测位移计量测，其精度不应低于 ±0.01 mm；当荷载沉降曲线无明确拐点时，可加测承压板周围土面的升降、不同深度土层的分层沉降或土层的侧向位移，这有助于判别承压板下地基土受荷后的变化、发展阶段及破坏模式和判定拐点。

对慢速法，当试验对象为土体时，每级荷载施加后，间隔 5 min、5 min，10 min、10 min、15min，15min 测读一次沉降，以后间隔 30min 测读一次沉降，当连续两小时每小时沉降量小于等于 0.1 mm 时，可认为沉降已达相对稳定标准，施加下一级荷载；当试验对象是岩体时，间隔 1 min、2 min，2 min、5 min 测读一次沉降，以后每隔 10 min 测读一次，当连续三次读数差小于等于 0.01mm 时，可认为沉降已达相对稳定标准，施加下一级荷载。

6. 一般情况下，载荷试验应做到破坏，获得完整的 p-s 曲线，以便确定承载力特征值；只有试验目的为检验性质时，加荷至设计要求的 2 倍时即可终止。

在确定终止试验标准时，对岩体而言，常表现为承压板上和板外的测表不停地变化，这种变化有增加的趋势。此外，有时还表现为荷载加不上，或加上去后很快降下来。当然，如果荷载已达到设备的最大出力，则不得不终止试验，但应判定是否满足了试验要求。

当出现下列情况之一时，可终止试验：承压板周边的土出现明显侧向挤出，周边岩土出现明显隆起或径向裂缝持续发展，这表明受荷地层发生整体剪切破坏，属于强度破坏极限状态；本级荷载的沉降量大于前级荷载沉降量的 5 倍，荷载与沉降曲线出现明显陡降；在某级荷载下 24h 沉降速率不能达到相对稳定标准；等速沉降或加速沉降，表明承压板下产生塑性破坏或刺入破坏，这是变形破坏极限状态；总沉降量与承压板直径（或宽度）之比超过 0.06，属于超过限制变形的正常使用极限状态。

（五）资料整理、成果分析

1. 资料整理

根据载荷试验成果分析要求，应绘制荷载（p）与沉降（s）曲线，必要时绘制各级荷载下沉降（s）与时间（t）或时间对数（lg t）曲线。

2. 成果分析

（1）确定地基承载力

应根据 p-s 曲线拐点，必要时结合 s-tgt 曲线特征，确定比例界限压力和极限压力。

当 p-s 呈缓变曲线时，可取对应于某一相对沉降值（s/d，d 为承压板直径或边长）的压力评定地基土承载力。

（2）计算变形模量

土的变形模量应根据 p-s 曲线的初始直线段，按均质各向同性半无限弹性介质的弹性理论计算。浅层平板载荷试验的变形模量 Eo；浅层平板载荷试验的变形模量 E。

（六）各类载荷试验的要点

1. 浅层平板载荷试验要点（《建筑地基基础设计规范》GB—50007—2010）

（1）地基土浅层平板载荷试验可适用于确定浅部地基土层的承压板下应力主要影响范围内的承载力。承压板面积不应小于 0.25 ㎡，对于软土不应小于 0.5 ㎡。

（2）试验基坑宽度不应小于承压板宽度或直径的 3 倍。应保持试验土层的原状结构和天然湿度。宜在拟试压表面用粗砂或中砂层找平，其厚度不超过 20mm。

（3）加荷分级不应少于 8 级，最大加载量不应小于设计要求的 2 倍。

（4）每级加载后，按间隔 10 min、10 min、10 min、15 min、15 min，以后为每隔 0.5 h 测读一次沉降量，当在连续 2 h 内，每小时的沉降量小于 0.1 mm 时，则认为已趋稳定，可加下一级荷载。

（5）当出现下列情况之一时，即可终止加载：承压板周围的土明显地侧向挤出；沉降 s 急剧增大，荷载—沉降（p-s）曲线出现陡降段；在某一级荷载下，24h 内沉降速率不能达到稳定；沉降量与承压板宽度或直径比大于或等于 0.06。

当满足前三种情况之一时，其对应的前一级荷载定为极限荷载。

（6）承载力特征值的确定应符合下列规定：当 p-s 曲线上有比例界限时，取该比例界限所对应的荷载值；当极限荷载小于对应比例界限的荷载值的 2 倍时，取极限荷载值的一半；当不能按上述两款要求确定时，压板面积为 0.25~0.50 ㎡，可取 s/b-0.01~0.015 所对应的荷载，但其值不应大于最大加载量的一半。

（7）同一土层参加统计的试验点不应少于 3 点，当试验实测值的极差不超过其平均值的 30% 时，取平均值作为土层的地基承载力特征值。

2. 深层平板载荷试验要点《建筑地基基础设计规范》GB—50007—2010）

（1）深层平板载荷试验的承压板采用直径为 0.8m 的刚性板，紧靠承压板周围外侧的土层高度应不少于 80 cm。

（2）加荷等级可按预估极限承载力的 1/10~1/15 分级施加。

（3）每级加荷后，第一个小时内按间隔 10 min、10 min、10 min、15 min、15 min，以后为每隔 0.5h 测读一次沉降；当在连续 2h 内，每小时的沉降量小于 0.1mm 时，则认为已趋稳定，可加下一级荷载。

（4）当出现下列情况之一时，可终止加载：

1）沉降急骤增大，荷载—沉降（p-s）曲线上有可判定极限承载力的陡降段，且沉降量超过 0.04d(d 为承压板直径)；

2）在某级荷载下 24h 内沉降速率不能达到稳定；

3）本级沉降量大于前一级沉降量的 5 倍；

4）当持力层土层坚硬沉降量很小时，最大加载量不小于设计要求的 2 倍。

（5）承载力特征值的确定应符合下列规定：

1）当 p-s 曲线上有比例界限时取该比例界限所对应的荷载值；

2）满足前三条终止加载条件之一时，其对应的前一级荷载定为极限荷载，当该值小于对应比例界限的荷载值的 2 倍时，取极限荷载值的一半；

3）不能按上述两款要求确定时，可取 s/d=0.01~0.015 所对应的荷载值，但其值不应大于最大加载量的一半。

（6）同一土层参加统计的试验点不应少于 3 点。

3. 岩基载荷试验要点（《建筑地基基础设计规范》GB-50007—2010）

（1）适用于确定完整、较完整、较破碎岩基作为天然地基或桩基础持力层时的承载力。

（2）采用圆形刚性承压板，直径为 300mm。当岩石埋藏深度较大时，可采用钢筋混凝土桩，但桩周需采取措施以消除桩身与土之间的摩擦力。

（3）测量系统的初始稳定读数观测：加压前，每隔 10min 读数一次，连续三次读数不变可开始试验。

（4）加载方式：单循环加载荷载逐级递增直到破坏然后分级卸载。

（5）荷载分级：第一级加载值为预估设计荷载的 1/5，以后每级为 1/10。

（6）沉降量测读：加载后立即读数，以后每 10min 读数一次。

（7）稳定标准：连续三次读数之差均不大于 0.01 mm。

（8）终止加载条件：当出现下述现象之一时，可终止加载：

1）沉降量读数不断变化，在 24h 内，沉降速率有增大的趋势；

2）压力加不上或勉强加上而不能保持稳定。

注：若限于加载能力，荷载也应增加到不少于设计要求的 2 倍。

（9）卸载观测：每级卸载为加载时的 2 倍，如为奇数，第一级可为 3 倍。每级卸载后，隔 10 min 测读一次，测读三次后可卸下一级荷载。全部卸载后，当测读到半小时回弹量小于 0.01mm 时，即认为稳定。

（10）岩石地基承载力的确定：

1）对应于 p-s 曲线上起始直线段的终点为比例界限。符合终止加载条件的前一级荷载为极限荷载。将极限荷载除以 3 的安全系数，所得值与对应于比例界限的荷载相比较，取小值。

2）每个场地载荷试验的数量不应少于 3 个，取最小值作为岩石地基承载力特征值。

3）岩石地基承载力不进行深宽修正。

4. 复合地基载荷试验要点（《建筑地基处理技术规范》JGJ-79—2012）

（1）本试验要点适用于单桩复合地基载荷试验和多桩复合地基载荷试验。

（2）复合地基载荷试验用于测定承压板下应力，主要影响范围内复合土层的承载力和变形参数。复合地基载荷试验承压板应具有足够刚度。单桩复合地基载荷试验的承压板可用圆形或方形，面积为一根桩承担的处理面积；多桩复合地基载荷试验的承压板可用方形或矩形，其尺寸按实际桩数所承担的处理面积确定。桩的中心（或形心）应与承压板中心保持一致，并与荷载作用点相重合。

（3）承压板底面标高应与桩顶设计标高相适应。承压板底面下宜铺设粗砂或中砂垫层，垫层厚度取 50~150mm，桩身强度高时宜取大值。试验标高处的试坑长度和宽度，应不小于承压板尺寸的 3 倍。基准梁的支点应设在试坑之外。

（4）试验前应采取措施，防止试验场地地基土含水量变化或地基土扰动，以免影响试验结果。

（5）加载等级可分为 8~12 级。最大加载压力不应小于设计要求压力值的 2 倍。

（6）每加一级荷载前后均应各读记承压板沉降量一次，以后每 0.5h 读记一次。当 1h 内沉降量小于 0.1 mm 时，即可加下一级荷载。

（7）当出现下列现象之一时可终止试验：

1）沉降急剧增大，土被挤出或承压板周围出现明显的隆起；

2）承压板的累计沉降量已大于其宽度或直径的 6%；

3）当达不到极限荷载而最大加载压力已大于设计要求压力值的 2 倍。

（8）卸载级数可为加载级数的一半，等量进行，每卸一级，间隔 0.5 h，读记回弹量，待卸完全部荷载后间隔 3h 读记总回弹量。

（9）复合地基承载力特征值的确定：

1）当压力—沉降曲线上极限荷载能确定，而其值不小于对应比例界限的 2 倍时，可取比例界限；当其值小于对应比例界限的 2 倍时，可取极限荷载的一半。

2）当压力—沉降曲线是平缓的光滑曲线时，可按相对变形值确定。

对砂石桩振冲桩复合地基或强夯置换墩当以黏性土为主的地基，可取 s/b 或 s/d 等于 0.015 所对应的压力（s 为载荷试验承压板的沉降量；b 和 d 分别为承压板宽度和直径，当其值大于 2 m 时，按 2 m 计算）；当以粉土或砂土为主的地基，可取 s/b 或 s/d 等于 0.01 所对应的压力。

对土挤密桩、石灰桩或柱锤冲扩桩复合地基，可取 s/b 或 s/d 等于 0.012 所对应的压力。对灰土挤密桩复合地基，可取 s/b 或 s/d 等于 0.008 所对应的压力。

对水泥粉煤灰碎石桩或夯实水泥土桩复合地基，当以卵石、圆砾、密实粗中砂为主的地基，可取 s/b 或 s/d 等于 0.008 所对应的压力；当以黏性土、粉土为主的地基，可取 s/b 或 s/d 等于 0.01 所对应的压力。

对水泥土搅拌桩或旋喷桩复合地基，可取 s/b 或 s/d 等于 0.006 所对应的压力。

对有经验的地区，也可按当地经验确定相对变形值。

按相对变形值确定的承载力特征值不应大于最大加载压力的一半。

（10）试验点的数量不应少于 3 点，当满足其极差不超过平均值的 30% 时，可取其平均值为复合地基承载力特征值。

5. 单桩竖向静载荷试验要点《建筑桩基检测技术规范》(JGJ-106—2014)

（1）本要点适用于检测单桩竖向抗压承载力

采用接近于竖向抗压桩的实际工作条件的试验方法，确定单桩竖向（抗压）极限承载力，作为设计依据或对工程桩的承载力进行抽样检验和评价。当埋设有桩底反力和桩身应力、应变测量元件时，尚可直接测定桩周各土层的极限侧阻力和极限端阻力。为设计提供依据的试桩，应加载至破坏；当桩的承载力以桩身强度控制时，可按设计要求的加载量进行；对工程桩抽样检测时，加载量不应小于设计要求的单桩承载力特征值的 2 倍。

（2）试验加载宜采用油压千斤顶。当采用 2 台及 2 台以上千斤顶加载时应并联同步工作，且应符合下列规定：

1）采用的千斤顶型号、规格应相同；

2）千斤顶的合力中心应与桩轴线重合。

（3）加载反力装置可根据现场条件选择锚桩横梁反力装置、压重平台反力装置、锚桩压重联合反力装置、地锚反力装置，并应符合下列规定：

1）加载反力装置能提供的反力不得小于最大加载量的 1.2 倍。

2）应对加载反力装置的全部构件进行强度和变形验算。

3）应对锚桩抗拔力（地基土、抗拔钢筋、桩的接头）进行验算；采用工程桩做锚桩时，锚桩数量不应少于 4 根，并应监测锚桩上拔量。

4）压重应在试验开始前一次加足，并均匀稳固地放置于平台上。

5）压重施加于地基的压应力不宜大于地基承载力特征值的 1.5 倍，有条件时宜利用工程桩作为堆载支点。

（4）荷载测量可用放置在千斤顶上的荷重传感器直接测定，或采用并联于千斤顶油路的压力表或压力传感器测定油压，根据千斤顶率定曲线换算荷载。传感器的测量误差不应大于 1%。压力表精度应优于或等于 0.4 级。试验用压力表、油泵、油管在最大加载时的压力不应超过规定工作压力的 80%。

（5）沉降测量宜采用位移传感器或大量程百分表，并应符合下列规定：

1）测量误差不大于 0.1%FS，分辨力优于或等于 0.01 mm。

2）直径或边宽大于 500 mm 的桩，应在其两个方向对称安置 4 个位移测试仪表，直径或边宽小于等于 500mm 的桩，可对称安置 2 个位移测试仪表。

3）沉降测定平面宜在桩顶 200 mm 以下位置，不得在承压板上或千斤顶上设置沉降观测点，避免因承压板变形导致沉降观测数据失实。测点应牢固地固定于桩身。

4）基准梁应具有一定的刚度，梁的一端应固定在基准桩上，另一端应简支于基准桩上。基准桩应打入地面以下足够深度，一般不小于 1 m。

5）固定和支撑位移计（百分表）的夹具及基准梁应避免气温、振动及其他外界因素的影响。应采取有效的遮挡措施，以减少温度变化和刮风下雨的影响，尤其是昼夜温差较大且白天有阳光照射时更应注意。

（6）试桩、锚桩（压重平台支墩边）和基准桩之间的中心距离应符合规定。

（7）开始试验时间：预制桩在砂土中入 ±7 d 后，粉土 10d 后，非饱和黏性土不得少于 15d；对于饱和黏性土不得少于 25 d，灌注桩应在桩身混凝土至少达到设计强度的 75%，且不小于 15MPa 才能进行。泥浆护壁的灌注桩，宜适当延长休止时间。

（8）桩顶部宜高出试坑底面，试坑底面宜与桩承台底标高一致。混凝土桩头加固应符合下列要求：

1）混凝土桩应先凿掉桩顶部的破碎层和软弱混凝土。

2）桩头顶面应平整，桩头中轴线与桩身上部的中轴线应重合。

3）桩头主筋应全部直通至桩顶混凝土保护层之下，各主筋应在同一高度上。距桩顶 1 倍桩径范围内，宜用厚度为 3~5 mm 的钢板围裹或距桩顶 1.5 倍桩径范围内设置箍筋，间距不宜大于 100 mm。桩顶应设置钢筋网片 2~3 层，间距 60~100 mm。

4）桩头混凝土强度等级宜比桩身混凝土提高 1~2 级，且不得低于 C30。

（9）对作为锚桩用的灌注桩和有接头的混凝土预制桩，检测前宜对其桩身完整性进行检测。

（10）试验加卸载方式应符合下列规定：

1）加载应分级进行，采用逐级等量加载；分级荷载宜为最大加载量或预估极限承载力的 1/10，其中第一级可取分级荷载的 2 倍。

2）卸载应分级进行，每级卸载量取加载时分级荷载的 2 倍，逐级等量卸载。

3）加、卸载时应使荷载传递均匀、连续、无冲击，每级荷载在维持过程中的变化幅度不得超过分级荷载的 ±10%。

（11）为设计提供依据的竖向抗压静载试验应采用慢速维持荷载法。慢速维持荷载法试验步骤应符合下列规定：

1）每级荷载施加后按第 5 min、15 min、30 min、45 min、60 min 测读桩顶沉降量，以后每隔 30 min 测读一次。

2）试桩沉降相对稳定标准：每 1 h 内的桩顶沉降量不超过 0.1 mm，并连续出现两次（从分级荷载施加后第 30min 开始，按 1.5h 连续三次每 30min 的沉降观测值计算）。

3）当桩顶沉降速率达到相对稳定标准时，再施加下一级荷载。

4）卸载时，每级荷载维持 1h，按第 15min、30min、60min 测读桩顶沉降量后，即可卸下一级荷载。卸载至零后，应测读桩顶残余沉降量，维持时间为 3h，测读时间为第 15min、30min，以后每隔 30min 测读一次。

（12）施工后的工程桩验收检测宜采用慢速维持荷载法。当有成熟的地区经验时，也可采用快速维持荷载法。快速维持荷载法的每级荷载维持时间至少为 1 h，是否延长维持荷载时间应根据桩顶沉降收敛情况确定。一般快速维持荷载法试验可采用下列步骤进行：

1）每级荷载施加后维持 1 h，按第 5 min、15 min、30 min 测读桩顶沉降量，以后每隔 15min 测读一次。

2）测读时间累计为 1h 时，若最后 15min 时间间隔的桩顶沉降增量与相邻 15min 时间间隔的桩顶沉降增量相比未明显收敛时，应延长维持荷载时间，直到最后 15min 的沉降增量小于相邻 15 min 的沉降增量为止。

3）当桩顶沉降速率达到相对稳定标准时，再施加下一级荷载。

4）卸载时，每级荷载维持 15min，按第 5min、15min 测读桩顶沉降量后，即可卸下一级荷载。卸载至零后，应测读桩顶残余沉降量，维持时间为 2 h，测读时间为第 5 min、15min、30 min，以后每隔 30 min 测读一次。

（13）当出现下列情况之一时，可终止加载：

1）某级荷载作用下，桩顶沉降量大于前一级荷载作用下沉降量的 5 倍。注：当桩顶沉降能相对稳定且总沉降量小于 40mm 时，宜加载至桩顶总沉降量超过 40 mm。

2）某级荷载作用下，桩顶沉降量大于前一级荷载作用下沉降量的 2 倍，且经 24 h 尚未达到相对稳定标准。

3）已达到设计要求的最大加载量。

4）当工程桩做锚桩时，锚桩上拔量已达到允许值。

5）当荷载—沉降曲线呈缓变形时，可加载至桩顶总沉降量 60~80mm；在特殊情况下，可根据具体要求加载至桩顶累计沉降量超过 80mm。

（14）检测数据的整理应符合下列规定：

1）确定单桩竖向抗压承载力时，应绘制竖向荷载—沉降、沉降—时间对数曲线，需要时也可绘制其他辅助分析所需曲线。

2）当进行桩身应力、应变和桩底反力测定时，应整理出有关数据的记录表，并绘制桩身轴力分布图，计算不同土层的分层侧摩阻力和端阻力值。

（15）单桩竖向抗压极限承载力统计值的确定应符合下列规定：

1）参加统计的试桩结果，当满足其极差不超过平均值的 30% 时，取其平均值为单桩竖向抗压极限承载力。

2）当极差超过平均值的 30% 时，应分析极差过大的原因，结合工程具体情况综合确定，必要时可增加试桩数量。

3）对桩数为 3 根或 3 根以下的柱下承台，或工程桩抽检数量少于 3 根时，应取低值。

（16）单位工程同一条件下的单桩竖向抗压承载力特征值 Ra 应按单桩竖向抗压极限承载力统计值的一半取值。

二、静力触探试验

静力触探试验是用静力匀速将标准规格的探头压入土中，利用探头内的力传感器，同时通过电子量测仪器将探头受到的贯入阻力记录下来。由于贯入阻力的大小与土层的性质有关，因此通过贯入阻力的变化情况，可以达到测定土的力学特性，了解土层的目的，具有勘探和测试双重功能；孔压静力触探试验除静力触探原有功能外，在探头上附加孔隙水压力量测装置，用于量测孔隙水压力增长与消散。

静力触探试验适用于软土、一般黏性土、粉土、砂土和含少量碎石的土。静力触探可根据工程需要采用单桥探头、双桥探头或带孔隙水压力量测的单、双桥探头，可测定比贯入阻力、锥尖阻力、侧壁摩阻力和贯入时的孔隙水压力。

目前广泛应用的是电测静力触探，即将带有电测传感器的探头，用静力以匀速贯入土中，根据电测传感器的信号，测定探头贯入土中所受的阻力。按传感器的功能，静力触探分为常规的静力触探（CPT，包括单桥探头、双桥探头）和孔压静力触探（CPTU）。单桥探头测定的是比贯入阻力，双桥探头测定的是锥尖阻力和侧壁摩阻力，孔压静力触探探头是在单桥探头或双桥探头上增加量测贯入土中时土中的孔隙水压力（简称孔压）的传感器。国外还发展了各种多功能的静探探头，如电阻率探头、测振探头、侧应力探头、旁压探头、波速探头、振动探头、地温探头等。

（一）静力触探设备

1. 静力触探仪

静力触探仪按贯入能力大致可分为轻型（20~50 kN）、中型（80~120 kN）、重型（200~300 kN）3 种；按贯入的动力及传动方式可分为人力给进、机械传动及液压传动 3种；按测力装置可分为油压表式、应力环式、电阻应变式及自动记录等不同类型。我国铁道部鉴定批量生产的 2Y-16 型双缸液压静力触探仪，是由加压及锚定、动力及传动、油路、量测等 4 个系统组成。加压及锚定系统：双缸液压千斤顶的活塞与卡杆器相连，卡杆器将探杆固定，千斤顶在油缸的推力下带动探杆上升或下降，该加压系统的反力则由固定在底座上的地锚来承受。动力及传动系统由汽油机、减速箱和油泵组成，其作用是完成动力的传递和转换，汽油机输出的扭矩和转速，经减速箱驱动油泵转动，产生高压油，从而把机械能转变为液体的压力能。油路系统由操纵阀、压力表、油箱及管路组成，其作用是控制油路的压力、流量、方向和循环方式，使执行机构按预期的速度、方向和顺序动作，并确保液压系统的安全。

探头由金属制成，有锥尖和侧壁两个部分，锥尖为圆锥体，锥角一般为 60° 探头。探头总贯入阻力 p 为锥尖总阻力和侧壁总摩阻力加之和。

双桥探头，其探头和侧壁套筒分开，并有各自测量变形的传感器。孔压探头，它不仅具有双桥探头的作用，还带有滤水器，能测定触探时的孔隙水压力。滤水器的位置可在锥尖或锥面或在锥头以后圆柱面上，不同位置所测得的孔压是不同的，孔压的消散速率也是不同的。微孔滤水器可由微孔塑料、不锈钢、陶瓷或砂石等制成。微孔孔径要求既有一定的渗透性，又能防止土粒堵塞孔道，并有高的进气压力（保证探头不致进气），一般要求渗透性为 10~2 cm/s，孔径为 15~20 μm。

2. 静力触探量测仪器

目前，我国常用的静力触探测量仪器有两种类型：一种为电阻应变仪，另一种为自动记录仪。现在基本都已采用自动记录仪，可以直接将野外数据传入计算机处理。

（1）电阻应变仪

电阻应变仪由稳压电源、振荡器、测量电桥、放大器、相敏检波器和平衡指示器等组成。应变仪是通过电桥平衡原理进行测量的。当触探头工作时，传感器发生变形，引起测量桥路的平衡发生变化，通过手动调整电位器使电桥达到新的平衡，根据电位器调整程序就可确定应变量的大小，并从读数盘上直接读出。因需手工操作，易发生漏读或误读，现已不太使用。

（2）自动记录仪

静力触探自动记录仪，是由通用的电子电位差计改装而成，它能随深度自动记录土层贯入阻力的变化情况，并以曲线的方式自动绘在记录纸上，从而提高了野外工作的效率和质量。自动记录仪主要由稳压电源、电桥、滤波器、放大器、滑线电阻和可逆电机组成。由探头输出的信号，经过滤波器以后，到达测量电桥，产生不平衡电压，经放大器放大后，推动可逆电机转动，与可逆电机相连的指示机构，就沿着有分度的标尺滑行，标尺是按讯号大小比例刻制的，因而指示机构所指示的位置即为被测讯号的数值。

深度控制是在自动记录仪中采用一对自整角机，即 45LF5B 及 45LJ5B（或 5A 型）。

现在已将静力触探试验过程引入微机控制的行列，采用数据采集处理系统。它能自动采集数据、存储数据、处理数据、打印记录表，并实时显示和绘制静力触探曲线。

3. 水下静力触探（CPT）试验装置

广州市辉固技术服务有限公司拥有一种下潜式的静力触探工作平台，供进行水下静力触探之用，并已用于世界各地的海域。工作时用带有起吊设备的工作母船将该平台运到指定水域，定点后用起吊设备将该工作平台放入水中，并靠其自重沉到河床（或海床）上。平台只通过系留钢缆和电缆与水面上的母船相连。

（二）试验的技术要求

1. 探头圆锥锥底截面积应采用 $10 cm^2$ 或 $15 cm^2$，单桥探头侧壁高度应分别采用 57 mm 或 70 mm，双桥探头侧壁面积应采用 $150\sim300 cm^2$，锥尖锥角应为 $60°$。

圆锥截面积国际通用标准为 $10 cm^2$，但国内勘察单位广泛使用 $15 cm^2$ 的探头；$10 cm^2$ 与 $15 cm^2$ 的贯入阻力相差不大，在同样的土质条件和极具贯入能力的情况下，$10 cm^2$ 比 $15 cm^2$ 的贯入深度更大；为了向国际标准靠拢，最好使用锥头底面积为 $10 cm^2$ 的探头。探头的几何形状及尺寸会影响测试数据的精度，故应定期进行检查。

2. 探头应匀速垂直压入土中，贯入速率为 1.2 m/min。贯入速率要求匀速，贯入速率 (1.2 ± 0.3) m/min 是国际通用的标准。

3. 探头测力传感器应连同仪器、电缆进行定期标定，室内探头标定测力传感器的非线性误差、重复性误差、滞后误差、温度漂移、归零误差均应小于 1%FS，现场试验归零误差应小于 3%，这是试验数据质量好坏的重要标志；探头的绝缘度 3 个工程大气压下保持 2h。

4. 贯入读数间隔一般采用 0.1 m，不超过 0.2 m，深度记录误差不超过触探深度的 $\pm1\%$。

5. 当贯入深度超过 30 m 或穿过厚层软土后再贯入硬土层时，应采取措施防止孔斜或断杆，也可配置测斜探头，量测触探孔的偏斜角，校正土层界线的深度。

为保证触探孔与垂直线间的偏斜度小，所使用探杆的偏斜度应符合标准：最初 5 根探杆每米偏斜小于 0.5 mm，其余小于 1 mm；当使用的贯入深度超过 50 m 或使用 15~20 次，应检查探杆的偏斜度；如贯入厚层软土，再穿入硬层、碎石土、残积土，每用过一次应进行探杆偏斜度检查。

触探孔一般至少距探孔 25 倍孔径或 2 m。静力触探宜在钻孔前进行，以免钻孔对贯入阻力产生影响。

6. 孔压探头在贯入前，应在室内保证探头应变腔为已排除气泡的液体所饱和，并在现场采取措施保持探头的饱和状态，直至探头进入地下水位以下的土层为止；在孔压静探试验过程中不得上提探头。

7. 当在预定深度进行孔压消散试验时，应量测停止贯入后不同时间的孔压值，其计时间隔由密而疏合理控制；试验过程不得松动探杆。

（三）成果应用

1. 划分土层和判定土类

根据贯入曲线的线性特征，结合相邻钻孔资料和地区经验，划分土层和判定土类；计算各土层静力触探有关试验数据的平均值，或对数据进行统计分析，提供静力触探数据的空间变化规律。

根据静探曲线在深度上的连续变化可对土进行力学分层，并可根据贯入阻力的大小、曲线形态特征、摩阻比的变化、孔压曲线对土类进行判别，进行工程分层。土层划分应考虑超前和滞后现象，土层界线划分时，应注意以下问题：

当上下层贯入阻力有变化时，由于存在超前和滞后现象，分层层面应划在超前与滞后范围内。上下土层贯入阻力相差不到 1 倍时，分层层面取超前深度和滞后深度的中点（或中点偏向小阻力土层 5~10 cm）。上下土层贯入阻力相差 1 倍以上时，取软层最后一个（或第一个）低贯入阻力偏向硬层 10~15 cm 作为分层层面。

2. 其他应用

根据静力触探资料，利用地区经验，可进行力学分层，估算土的塑性状态或密实度、强度、压缩性、地基承载力、单桩承载力、沉桩阻力及进行液化判别等。根据孔压消散曲线可估算土的固结系数和渗透系数。

利用静探资料可估算土的强度参数、浅基或桩基的承载力、砂土或粉土的液化。只要经验关系经过检验已证实是可靠的，利用静探资料可以提供有关设计参数。利用静探资料估算变形参数时，由于贯入阻力与变形参数间不存在直接的机理关系，可能可靠性差些；利用孔压静探资料有可能评定土的应力历史，这方面还有待于积累经验。

三、圆锥动力触探试验

圆锥动力触探试验是用一定质量的重锤，以一定高度的自由落距，将标准规格的圆锥形探头贯入土中，根据打入土中一定距离所需的锤击数，判定土的力学特性，具有勘探和测试双重功能。

圆锥动力触探试验的类型可分为轻型、重型和超重型三种。

轻型动力触探的优点是轻便，对于施工验槽、填土勘察、查明局部软弱土层、洞穴等分布，均有实用价值。重型动力触探是应用最广泛的一种，其规格标准与国际通用标准一致。超重型动力触探的能量指数（落锤能量与探头截面积之比）与国外的并不一致，但相近，适用于碎石土。

动力触探试验指标主要用于以下目的：

1. 划分不同性质的土层：当土层的力学性质有显著差异，而在触探指标上没有明显反映时，可利用动力触探进行分层和定性，评价土的均匀性，检查填土质量，探查滑动带、土洞和确定基岩面或碎石土层的埋藏深度；确定桩基持力层和承载力；检验地基加固与改良的质量效果等。

2.确定土的物理力学性质：评定砂土的孔隙比或相对密实度、粉土及黏性土的状态；估算土的强度和变形模量；评定地基土和桩基承载力，估算土的强度和变形参数等。

（一）试验设备

圆锥动力触探设备主要由圆锥头、触探杆、穿心锤三部分组成。

我国采用的自动落锤装置种类很多，有抓钩式（分外抓钩式和内抓钩式）、钢球式、滑销式、滑槽式和偏心轮式等。

锤的脱落方式可分为碰撞式和缩径式。前者动作可靠，但操作不当易产生明显的反向冲击，影响试验成果。后者导向杆容易被磨损，长期工作易发生故障。

（二）试验技术要求

1.采用自动落锤装置。锤击能量是对试验成果有影响的最重要的因素，落锤方式应采用控制落距的自动落锤，使锤击能量比较恒定。

2.注意保持杆件垂直，触探杆最大偏斜度不应超过2%，锤击贯入应连续进行，在黏性土中击入的间歇会使侧摩阻力增大；同时防止锤击偏心、探杆倾斜和侧向晃动，保持探杆垂直度；锤击速率也影响试验成果，每分钟宜为15~30击；在砂土、碎石土中，锤击速率影响不大，则可采用每分钟60击。

3.触探杆与土间的侧摩阻力是对试验成果有影响的另一重要因素。试验过程中，可采取下列措施减少侧摩阻力的影响：探杆直径小于探头直径，在砂土中探头直径与探杆直径比应大于1.3，而在黏土中可小些；贯入一定深度后旋转探杆（每1 m转动一圈或半圈），以减少侧摩阻力；贯入深度超过10m，每贯入0.2 m，转动一次；探头的侧摩阻力与土类、土性、杆的外形、刚度、垂直度、触探深度等均有关，很难用一固定的修正系数处理，应采取切合实际的措施，减少侧摩阻力，对贯入深度加以限制。

4.对轻型动力触探，当N10>100或贯入15 cm锤击数超过50时，可停止试验；对重型动力触探，当连续三次N63.5>50时，可停止试验或改用超重型动力触探。

（三）资料整理与试验成果分析

1.单孔连续圆锥动力触探试验应绘制锤击数与贯入深度关系曲线。

2.计算单孔分层贯入指标平均值时，应剔除临界深度以内的数值超前和滞后影响范围内的异常值。在整理触探资料时，应剔除异常值，在计算土层的触探指标平均值时，超前滞后范围内的值不反映真实土性；临界深度以内的锤击数偏小，不反映真实土性，故不应参加统计。动力触探本来是连续贯入的，但也有配合钻探间断贯入的做法，间断贯入时临界深度以内的锤击数同样不反映真实土性，不应参加统计。

3.整理多孔触探资料时，应结合钻探资料进行分析，对均匀土层，根据各孔分层的贯入指标平均值，用厚度加权平均法计算场地分层贯入指标平均值和变异系数。

（四）成果应用

根据圆锥动力触探试验指标和地区经验，可进行力学分层，评定土的均匀性和物理性质（状态、密实度）、土的强度、变形参数、地基承载力、单桩承载力，查明土洞、滑动面、软硬土层界面，检测地基处理效果等。应用试验成果时是否修正或如何修正，应根据建立统计关系时的具体情况确定。

1. 力学分层

根据触探击数、曲线形态，结合钻探资料可进行力学分层，分层时注意超前滞后现象，不同土层的超前滞后量是不同的。

上为硬土层，下为软土层，超前为 0.5~0.7 m，滞后约为 0.2 m；上为软土层，下为硬土层，超前为 0.1~0.2 m，滞后为 0.3~0.5 m。

2. 确定砂类土的相对密度和黏性土的稠度

北京市勘察设计处采用轻便型动力触探仪，通过大量的现场试验和对比分析，提出了锤击数与土的相对密度等级和稠度等级之间的关系。

四、标准贯入试验

标准贯入试验使用质量为 63.5 kg 的穿心锤，以 76 cm 的落距，将标准规格的贯入器，自钻孔底部预打 15 cm，记录再打入 30 cm 的锤击数，判定土的力学特性。

标准贯入试验仅适用于砂土、粉土和一般黏性土，不适用于软塑—流塑软土。在国外用实心圆锥头（锥角 60°）替换贯入器下端的管靴，使标贯适用于碎石土、残积土和裂隙性硬黏土及软岩，但国内尚无这方面的具体经验。

标准贯入试验的目的是用测得的标准贯入击数 N，判断砂的密实度或黏性土和粉土的稠度，估算土的强度与变形指标，确定地基土的承载力，评定砂土、粉土的振动液化及估计单桩极限承载力及沉桩可能性；并可划分土层类别，确定土层剖面和取扰动土样进行一般物理性试验，用于岩土工程地基加固处理设计及效果检验。

（一）试验设备

标准贯入试验设备是由标准贯入器、落锤（穿心锤）和钻杆组成的。

（二）试验技术要求

1. 标准贯入试验与钻探配合进行，钻孔宜采用回转钻进，并保持孔内水位略高于地下水位。当孔壁不稳定时，可用泥浆护壁，钻至试验标高以上 15 cm 处，清除孔底残土后再进行试验。

在采用回转钻进时应注意以下方面：

保持孔内水位高出地下水位一定高度，保持孔底土处于平衡状态，不得使孔底发生涌砂变松；下套管不要超过试验标高；要缓慢地下放钻具，避免孔底土的扰动；细心清孔；为防止涌砂或塌孔，可采用泥浆护壁。

2. 采用自动脱钩的自由落锤法进行锤击，并减小导向杆与锤间的摩阻力，避免锤击时的偏心和侧向晃动，保持贯入器、探杆、导向杆连接后的垂直度，锤击速率应小于每分钟 30 击。

由手拉绳牵引贯入试验时，绳索与滑轮的摩擦阻力及运转中绳索所引起的张力，消耗了一部分能量，减少了落锤的冲击能，使锤击数增加；而自动落锤完全克服了上述缺点，能比较真实地反映土的性状。据有关单位的试验，N 值自动落锤为手拉落锤的 0.8 倍、SR-30 型钻机直接吊打时的 0.6 倍，据此，规范规定采用自动落锤法。

（三）资料整理

标准贯入试验成果 N 可直接标在工程地质剖面图上，也可绘制单孔标准贯入击数 N 与深度关系曲线或直方图。统计分层标贯击数平均值时，应剔除异常值。

（四）成果应用

标准贯入试验锤击数 N 值，可对砂土、粉土、黏性土的物理状态、土的强度、变形参数、地基承载力、单桩承载力，以及砂土和粉土的液化、成桩的可能性等做出评价。应用 N 值时是否修正和如何修正，应根据建立统计关系时的具体情况确定。

1. 关于修正问题

国外对 N 值的传统修正包括饱和粉细砂的修正、地下水位的修正、土地上覆压力修正。国内长期以来并不考虑这些修正，而着重考虑杆长修正。杆长修正是依据牛顿碰撞理论，杆件系统质量不得超过锤重 2 倍，限制了标贯使用深度小于 21 m，但实际使用深度已远超过 21m，最大深度已达 100m 以上；通过实测杆件的锤击应力波，发现锤击传输给杆件的能量变化远大于杆长变化时能量的衰减，故建议不做杆长修正的 N 值是基本的数值；但考虑到过去建立的 N 值与土性参数、承载力的经验关系，所用 N 值均经杆长修正，而抗震规范评定砂土液化时，N 值又不做修正；故在实际应用 N 值时，应按具体岩土工程问题，参照有关规范考虑是否作杆长修正或其他修正。勘察报告应提供不做杆长修正的 N 值，应用时再根据情况考虑修正或不修正、用何种方法修正。如我国原《建筑地基基础设计规范》（GBJ7-89）规定：当用标准贯入试验锤击数按规范查表确定承载力和其他指标时，应根据该规范规定校正。

2. 用标准贯入试验击数判定砂土密实程度。

3. 用标准贯入试验击数进行液化判别。

4. 确定地基承载力

我国原《建筑地基基础设计规范》（GBJ7-89）中关于用标准贯入试验锤击数确定黏性土、砂土的承载力表，由于 N 值离散性大，故在利用 N 值解决工程问题时，应持慎重态度，依据单孔标贯资料提供设计参数是不可信的；在分析整理时，与动力触探相同，应剔除个别异常的 N 值。依据 N 值提供定量的设计参数时应有当地的经验，否则只能提供定性的参数，供初步评定用。

五、十字板剪切试验

十字板剪切试验是用插入土中的标准十字板探头以一定速率扭转，量测土破坏时的抵抗力矩，测定土的不排水抗剪强度。

十字板剪切试验用于原位测定饱和软黏土（$\phi \approx 0$）的不排水抗剪强度和估算软黏土的灵敏度。

试验深度一般不超过 30m。为测定软黏土不排水抗剪强度随深度的变化，试验点竖向间距可取 1m，以便均匀地绘制不排水抗剪强度～深度变化曲线，对非均质或夹薄层粉细砂的软黏性土，宜先做静力触探，结合土层变化，选择软黏土进行试验。当土层随深度的变化复杂时，可根据静力触探成果和工程实际需要，选择有代表性的点布置试验点，不一定均匀间隔布置试验点，遇到变层，要增加测点。

（一）试验仪器设备

十字板剪切试验设备主要由下列三部分组成：

1.测力装置：开口钢环式测力装置，借助钢环的拉伸变形来反映施加扭力的大小。

2.十字板头：目前国内外多采用矩形十字板头，且径高比为 1 ∶ 2 的标准型。常用的规格有 50 mm × 100 mm 和 75 mm × 150 mm 两种，前者适用于稍硬的黏性土，后者适用于软黏土。

3.轴杆：按轴杆与十字板头的连接方式有离合式和牙嵌式两种。一般使用的轴杆直径约为 20 mm。

（二）试验原理

十字板剪切试验的基本原理，是将装在轴杆下的十字板头压入钻孔孔底下土中测试深度处，再在杆顶施加水平扭矩 M，由十字板头旋转将土剪破。

（三）试验技术要求

1.十字板板头形状宜为矩形，径高比 1 ∶ 2，板厚宜为 2~3 mm。

十字板头形状国外有矩形、菱形、半圆形等，但国内均采用矩形。当需要测定不排水抗剪强度的各向异性变化时，可以考虑采用不同菱角的菱形板头，也可以采用不同径高比板头进行分析。矩形十字板头的径高比 1 ∶ 2 为通用标准，十字板头面积比直接影响插入板头时对土的挤压扰动，一般要求面积比小于 15%；十字板头直径为 50 mm 和 75 mm，翼板厚度分别为 2 mm 和 3 mm，相应的面积比为 13%~14%。

2.十字板头插入钻孔底的深度影响测试成果，我国规范规定不应小于钻孔或套管直径的 3 倍。美国规定为 56(b 为钻孔直径)，俄罗斯规定 0.3~0.5 m，德国规定为 0.3 m。

3. 十字板插入至试验深度后，至少应静止 2~3 min，方可开始试验。

4. 在峰值强度或稳定值测试完后，顺扭转方向连续转动 6 圈后，测定重塑土的不排水抗剪强度。

5. 对开口钢环十字板剪切仪，应修正轴杆与土间的摩阻力的影响。

机械式十字板剪切仪。由于轴杆与土层间存在摩阻力，因此应进行轴杆校正。由于原状土与重塑土的摩阻力是不同的，为了使轴杆与土间的摩阻力减到最低值，使进行原状土和扰动土不排水抗剪强度试验时有同样的摩阻力值，在进行十字板试验前，应将轴杆先快速旋转十余圈。由于电测式十字板直接测定的是施加于板头的扭矩，故不需进行轴杆摩擦的校正。

国外十字板剪切试验规程对精度的规定，美国为 1.3 kPa，英国为 1 kPa，俄罗斯为 1~2kPa，德国为 2 kPa。参照这些标准，以 1~2 kPa 为宜。

（四）资料整理

1. 计算各试验点土的不排水抗剪峰值强度、残余强度、重塑土强度和灵敏度。

2. 绘制单孔十字板剪切试验土的不排水抗剪峰值强度、残余强度、重塑土强度和灵敏度随深度的变化曲线，需要时绘制抗剪强度与扭转角度的关系曲线。

实践证明，正常固结的饱和软黏性土的不排水抗剪强度是随深度增加的；室内抗剪强度的试验成果，由于取样扰动等因素，往往不能很好地反映这一变化规律；利用十字板剪切试验，可以较好地反映不排水抗剪强度随深度的变化。

绘制抗剪强度与扭转角的关系曲线，可了解土体受剪时的剪切破坏过程，确定软土的不排水抗剪强度峰值、残余值及剪切模量（不排水）。目前十字板头扭转角的测定还存在困难，有待进一步研究。

3. 根据土层条件和地区经验，对实测的十字板不排水抗剪强度进行修正。

十字板剪切试验所测得的不排水抗剪强度峰值，一般认为是偏高的土的长期强度只有峰值强度的 60%~70%。因此在工程中，需根据土质条件和当地经验对十字板测定的值做必要的修正，以供设计采用。

4. 十字板剪切试验成果可按地区经验，确定地基承载力、单桩承载力、计算边坡稳定，判定软黏性土的固结历史。

六、旁压试验

旁压试验是用可侧向膨胀的旁压器，对钻孔孔壁周围的土体施加径向压力的原位测试，根据压力和变形关系，计算土的模量和强度。旁压试验适用于黏性土、粉土、砂土、碎石土、残积土、极软岩和软岩等。

（一）试验设备

旁压仪包括预钻式、自钻式和压入式三种。国内目前以预钻式为主，以下内容也是针对预钻式的，压入式目前尚无产品。

1. 预钻式旁压仪

预钻式旁压仪由旁压器、控制单元和管路三部分组成。

（1）旁压器

旁压器是对孔壁土（岩）体直接施加压力的部分，是旁压仪最重要的部件。它由金属骨架、密封的橡皮膜和膜外护铠组成。旁压器分单腔式和三腔式两种，目前常用的是三腔式。当旁压器有效长径比大于 4 时，可认为属无限长圆柱扩张轴对称平面应变问题。单腔式三腔式所得结果无明显差别。

三腔式旁压器由测量腔（中腔）和上下两个护腔构成。测量腔和护腔互不相通，但两个护腔是互通的，并把测量腔夹在中间。试验时有压介质（水或油）从控制单元通过中间管路系统进入测量腔，使橡皮膜沿径向膨胀，孔周土（岩）体受压呈圆柱形扩张，从而可以量测孔壁压力与钻孔体积变化的关系。

（2）控制单元

控制单元位于地表，通常是设置在三脚架上的一个箱式结构，其功能是控制试验压力和测读旁压器体积（应变）的变化。一般由压力源（高压氮气瓶）、调压器、测管、水箱、各类阀门、压力表、管路和箱式结构架等组成。

（3）管路系统

管路是用于连接旁压器和控制单元、输送和传递压力与体积信息的系统，通常包括气路、水（油）路和电路。

2. 仪器的标定

仪器的标定主要有弹性膜约束力的标定和仪器综合变形的标定。

由于约束力随弹性膜的材质、使用次数和气温而变化，因此新装或用过若干次后均需对弹性膜的约束力进行标定。仪器的综合变形，包括调压阀量管、压力计、管路等在加压过程中的变形。国产旁压仪还需进行体积损失的校正，对国外 GA 型和 GAM 型旁压仪，如果体积损失很小，可不做体积损失的校正。

（1）弹性膜约束力的标定

由于弹性膜具有一定厚度，因此在试验时施加的压力并未全部传递给土体，而因弹性膜本身产生的侧限作用使压力受到损失。这种压力损失值称为弹性膜的约束力。弹性膜约束力的标定方法如下：

先将旁压器置于地面，然后打开中腔和上、下腔阀门使其充水。当水灌满旁压器并回返至规定刻度时，将旁压器中腔的中点位置放在与量管水位相同的高度，记下初读数。随后逐级加压，每级压力增量为 10 kPa，使弹性膜自由膨胀，量测每级压力下的量管水位下降值，直到量管水位下降总值接近 40cm 时停止加压。根据记录绘制压力与水位下降值的关系曲线，即为弹性膜约束力标定曲线。S 轴的渐近线所对应的压力即为弹性膜的约束力。

（2）仪器综合变形的标定

由于旁压仪的调压阀、量管、导管、压力计等在加压过程中均会产生变形，造成水位下降或体积损失。这种水位下降值或体积损失值称为仪器综合变形。仪器综合变形标定方法如下：将旁压器放进有机玻璃管或钢管内，使旁压器在受到径向限制的条件下进行逐级加压，加压等级为 100 kPa，直加到旁压仪的额定压力为止。根据记录的压力 P 和量管水位下降值 S 绘制 P-S 曲线，曲线上直线段的斜率 S/p 即为仪器综合变形校正系数 a。

（二）试验技术要求

（1）旁压试验点的布置

在了解地层剖面的基础上（最好先做静力触探或动力触探或标准贯入试验），应选择在有代表性的位置和深度进行，旁压器的量测腔应在同一土层内。试验点的垂直间距应根据地层条件和工程要求确定，根据实践经验，旁压试验的影响范围，水平向约为 60cm，上下方向约为 40cm。为避免相邻试验点应力影响范围重叠，试验孔与已有钻孔的水平距离不宜小于 1 m。

（2）成孔质量

预钻式旁压试验应保证成孔质量，钻孔直径与旁压器直径应良好配合，防止孔壁坍塌；自钻式旁压试验的自钻钻头、钻头转速、钻进速率、刃口距离、泥浆压力和流量等应符合有关规定。

成孔质量是预钻式旁压试验成败的关键，成孔质量差，会使旁压曲线反常失真，无法应用。为保证成孔质量，要注意以下方面：

1）孔壁垂直、光滑、呈规则圆形，尽可能减少对孔壁的扰动。

2）软弱土层（易发生缩孔、坍孔）用泥浆护壁。

3）钻孔孔径应略大于旁压器外径，一般宜大于 8 mm。

（3）加荷等级

加荷等级可采用预期临塑压力的 1/5~1/7，初始阶段加荷等级可取小值，必要时可做卸荷再加荷试验，测定再加荷旁压模量。

加荷等级的选择是重要的技术问题，一般可根据土的临塑压力或极限压力而定，不同土类的加荷等级不同。

（4）加荷速率

关于加荷速率，目前国内有"快速法"和"慢速法"两种。国内一些单位的对比试验表明，两种不同的加荷速率对临塑压力和极限压力影响不大。为提高试验效率，一般使用每级压力维持 1min 或 2min 的快速法。

每级压力应维持 1 min 或 2 min 后再施加下一级压力，维持 1 min 时，加荷后 15 s、30 s、60 s 测读变形量，维持 2 min 时加荷后 15 s、30 s、60 s、120s 测读变形量。在操作和读数熟练的情况下，尽可能采用短的加荷时间；快速加荷所得旁压模量相当于不排水模量。

（5）终止试验条件

旁压试验终止试验条件如下：

1）加荷接近或达到极限压力。

2）量测腔的扩张体积相当于量测腔的固有体积，避免弹性膜破裂。

3）国产 PY2-A 型旁压仪，当量管水位下降刚达 36cm 时（绝对不能超过 40cm），即应终止试验。

4）法国 GA 型旁压仪规定，当蠕变变形等于或大于 50c ㎡或量筒读数大于 600c ㎡时应终止试验。

（三）资料整理

1. 绘制压力与体积曲线

对各级压力和相应的扩张体积（或换算为半径增量）分别进行约束力和体积修正后，绘制压力与体积曲线，需要时可作蠕变曲线。

2. 评定地基承载力和变形参数

根据初始压力、临塑压力、极限压力和旁压模量，结合地区经验可评定地基承载力和变形参数。根据自钻式旁压试验的旁压曲线，还可测求土的原位水平应力、静止侧压力系数、不排水抗剪强度等。

3. 确定地基的变形性质

换算土的压缩模量 Es；对于黏性土，可按经验统计资料，由旁压模量 Em 确定土的变形模量 E0。

七、扁铲侧胀试验

扁铲侧胀试验，也有人译为扁板侧胀试验，是 20 世纪 70 年代意大利 Silvana Marchetti 教授创立。扁铲侧胀试验是将带有膜片的扁铲压入土中预定深度，充气使膜片向孔壁土中侧向扩张，根据压力与变形关系，测定土的模量及其他有关指标。因能比较准确地反映应变的应力应变关系，测试的重复性较好，引入我国后，受到岩土工程界的重视，进行了比较深入的试验研究和工程应用，已被列入铁道部《铁路工程地质原位测试规程》。美国的 ASTM 和欧洲的 EUROCODE 亦已列入。

扁铲侧胀试验适用于软土、一般黏性土、粉土、黄土和松散—中密的砂土，其中最适宜在软弱松散土中进行，随着土的坚硬程度或密实程度的增加，适宜性渐差。当采用加强型薄膜片时，也可应用于密实的砂土。

（一）试验仪器设备

试验仪器由侧胀器（俗称扁铲）、压力控制单元、位移控制单元、压力源及贯入设备、探杆等组成。

扁铲侧胀器由不锈钢薄板制成，其尺寸为试验探头长 230~240 mm、宽 94~96 mm、厚 14~16 mm，探头前缘刃角 12°~16°，探头侧面钢膜片的直径 60 mm。膜片厚约 0.2mm，富有弹性可侧胀。

（二）试验技术要求

1. 扁铲侧胀试验探头加工的具体技术标准和规格应符合国际通用标准。要注意探头不能有明显弯曲，并应进行老化处理。

2. 每孔试验前后均应进行探头率定，取试验前后的平均值为修正值；膜片的合格标准如下：

（1）率定时膨胀至 0.05 mm 的气压实测值 OA=5~25 kPa；

（2）率定时膨胀至 1.10 mm 的气压实测值 △B=10~110 kPa。

3. 可用贯入能力相当的静力触探机将探头压入土中。试验时，应以静力匀速将探头贯入土中，贯入速率宜为 2 cm/s；试验点间距可取 20~50 cm。

4. 探头达到预定深度后，应匀速加压和减压测定膜片膨胀至 0.05 mm、1.10 mm 和回到 0.05 mm 的压力 A、B、C 值。

5. 扁铲侧胀消散试验，应在需测试的深度进行，测读时间间隔可取 1 min、2 min、4min、8 min、15 min、30 min、90 min，以后每 90 min 测读一次，直至消散结束。

扁铲侧胀试验成果的应用经验目前尚不丰富。根据铁道部第四勘测设计院的研究成果，利用侧胀土性指数 ID 划分土类、黏性土的状态，利用侧胀模量计算饱和黏性土的水平不排水弹性模量，利用侧胀水平应力指数 K0，确定土的静止侧压力系数等，有良好的效果，并列入铁道部《铁路工程地质原位测试规程》。上海、天津及国外都有一些研究成果和工程经验，由于扁铲侧胀试验在我国开展较晚，故应用时必须结合当地经验，并与其他测试方法配合，相互印证。

八、波速试验

波速测试适用于测定各类岩土体的压缩波、剪切波或瑞利波的波速。按规定测得的波速值可应用于下列情况：

1. 计算地基岩土体在小应变条件下（10^{-4}~10^{-6}）的动弹性模量、动剪切模量和动泊松比。

2. 场地土的类型划分和场地土层的地震反应分析。

3. 改良的效果。

可根据任务要求，试验方法可采用跨孔法、单孔法（检层法）和面波法。

（一）单孔波速法（检层法）

1. 试验仪器设备

（1）振源

剪切波振源，应满足如下三个条件：优势波应为 SH 和 SV 波；具有可重复性和可反向性，以利剪切波的判读；如在孔中激发，应能顺利下孔。

（2）拾振器

孔中接收时，使用三分量检波器组（一个垂直向，两个水平向），并带有气囊或其他贴孔壁装置。地表接收时，使用地震检波器，其灵敏轴应与优势波主振方向一致。

（3）记录仪

使用地震仪或具有地震仪功能的其他仪器，应能记录波形，以利于波的识别和对比。

2. 单孔法波速测试的技术要求

单孔法，可沿孔向上或向下检层进行测试。主要检测水平的剪切波速，识别第一个剪切波的初至是关键。

单孔法波速测试的技术要求应符合下列规定：

（1）测试孔应垂直。

（2）当剪切波振源采用锤击上压重物的木板时，木板的长向中垂线应对准测试孔中心，孔口与木板的距离宜为 1~3m；板上所压重物宜大于 400kg；木板与地面应紧密接触；当压缩波振源采用锤击金属板时，金属板距孔口的距离宜为 1~3m。

（3）测试时，测点布置应根据工程情况及地质分层，测点的垂直间距宜取 1~3m，层位变化处加密，并宜自下而上逐点测试。

（4）传感器应设置在测试孔内预定深度处固定，并紧贴孔壁。

（5）可采用地面激振或孔内激振；剪切波测试时，沿木板纵轴方向分别打击其两端，可记录极性相反的两组剪切波波形；压缩波测试时，可锤击金属板，当激振能量不足时，可采用落锤或爆炸产生压缩波。

（6）测试工作结束后，应选择部分测点进行重复观测，其数量不应少于测点总数的10%。

（二）跨孔法

1. 试验仪器设备

（1）振源

剪切波振源宜采用剪切波锤，也可采用标准贯入试验装置，压缩波振源宜采用电火花或爆炸等。由重锤、标贯试验装置组合的振源，该振源配合钻机和标贯试验装置进行。钻进一段测试一段，能量较大，但速度较慢。用扭转振源可产生丰富的剪切波能量和极低的压缩波能量，易操作、可重复、可反向激振，但能量较弱，一般配信号增强型放大器。

（2）接收器

要求接收器既能观察到竖直分量，又能观察到两个水平分量的记录，以便更好地识别剪切波的到达时刻，所以一般都采用三分量检波器检测地震波。这种三分量检波器是由三个单独检波器按相互垂直（XYZ）的方向固定，并密封在一个无磁性的圆形筒内。

在测点处一般用气囊装置将三分量检波器的外壳及其孔壁压紧。竖直方向的检波器可以精确地接收到水平传播、垂直偏振的SV波。两个水平检波器可以接收到P波的水平偏振SH波。

我国目前生产的三分量检波器的自振频率一般为10 Hz和27 Hz，频率响应可达几百赫兹，而一般机械振源产生的S波频率为70~130 Hz，产生的P波频率为140~270 Hz。

（3）放大器和记录器

主要采用多通道的放大器，最少为6个通道。各放大器必须具有一致的相位特性，配有可调节的增益装置，放大器的放大倍数要大于2000倍。仪器本身内部噪声极小，抗干扰能力强，记录系统主要采用SC-10、SC-18型紫外线感光记录示波器。一般配400号振子、工作频率范围为0~270Hz，常用500mm/s速度记录档，根据波形的疏密形状而调节纸速。

2. 跨孔法波速测试的技术要求

跨孔法波速测试的技术要求应符合下列规定：

（1）测试场地宜平坦；测试孔宜设置一个振源孔和两个接收孔，以便校核，并布置在一条直线上。

（2）测试孔的孔距在土层中宜取2~5 m，在岩层中宜取8~15 m，测点垂直间距宜取1~2m；近地表测点宜布置在0.4倍孔距的深度处，震源和检波器应置于同一地层的相同标高处。

（3）钻孔应垂直，并宜用泥浆护壁或下套管，套管壁与孔壁应紧密接触。

（4）当振源采用剪切波锤时，宜采用一次成孔法；当振源采用标准贯入试验装置时，宜采用分段测试法。

（5）钻孔应垂直，当孔深较大、测试深度大于 15m 时，应进行激振孔和测试孔的倾斜度和倾斜方位量测，量测精度应达到 0.1°，测点间距宜取 1 m，以便对激振孔与检波孔的水平距离进行修正。

（6）在现场应及时对记录波形进行鉴别判断，确定是否可用，如不行，在现场可立即重做。钻孔如有倾斜，应做孔距的校正。当采用一次成孔法测试时，测试工作结束后，应选择部分测点做重复观测，其数量不应少于测点总数的 10%；也可采用振源孔和接收孔互换的方法进行检测。

（三）面波法

面波法波速测试可采用瞬态法或稳态法，宜采用低频检波器，道间距可根据场地条件通过试验确定。面波的传统测试方法为稳态法，近年来，瞬态多道面波法获得很大发展，并已在工程中大量应用，技术已经成熟。

1. 仪器设备

面波法所需的主要仪器设备可分为两部分：振动测量及分析仪器，它包括拾振器、测振放大器、数据采集与分析系统；振源，频谱分析法采用落锤为振源，连续波法采用电磁激振器为振源。

2. 面波法波速测试的技术要求

（1）测试前的准备工作及对激振设备安装的要求，应符合国家标准《地基动力特性测试规范》（GB/T-50269—2015）的规定。

（2）稳态振源宜采用机械式或电磁式激振设备。

（3）在振源同一侧应放置两台间距为 L 的竖向传感器，接收由振源产生的瑞利波信号。

（4）改变激振频率，测试不同深度处土层的瑞利波波速。

（5）电磁式激振设备可采用单一正弦波信号或合成正弦 $\triangle \phi$ 波信号。

（四）测试成果分析

1. 识别压缩波和剪切波的初至时间

在波形记录上，识别压缩波或剪切波从振源到达测点的时间，应符合下列规定：

（1）确定压缩波的时间，应采用竖向传感器记录的波形。

（2）确定剪切波的时间，应采用水平传感器记录的波形。

2. 计算由振源到达测点的距离

由振源到达每个测点的距离，应按测斜数据进行计算。

3. 根据波的传播时间和距离确定波速

（1）单孔法

1）用单孔法计算压缩波或剪切波从振源到达测点的时间。

2）时距曲线图的绘制，应以深度 H 为纵坐标、时间 T 为横坐标。

3）波速层的划分，应结合地质情况，按时距曲线上具有不同斜率的折线段确定。

4）每一波速层的压缩波波速或剪切波波速。

（2）跨孔法

用跨孔法量测每个测试深度的压缩波波速及剪切波波速。

（3）面波法

用面波法量测瑞利波波速。

九、现场直接剪切试验

岩土体现场直剪试验，是将垂直（法向）压应力和剪应力施加在预定的剪切面上，直至其剪切破坏的试验。现场直剪试验可用于岩土体本身、岩土体沿软弱结构面和岩体与其他材料（如混凝土）接触面的剪切试验，可分为岩土体试体在法向应力作用下沿剪切面剪切破坏的抗剪断试验、岩土体剪断后沿剪切面继续剪切的抗剪试验（摩擦试验）和法向应力为零时岩体剪切的抗切试验。由于试验岩土体远比室内试样大，试验成果更符合实际。

（一）试验方案

现场直剪试验，应根据现场工程地质条件、工程荷载特点及可能发生的剪切破坏模式剪切面的位置和方向、剪切面的应力等条件，确定试验对象，选择相应的试验方法。现场直剪试验可在试洞、试坑、探槽或大口径钻孔内进行。当剪切面水平或近于水平时，可采用平推法或斜推法；当剪切面较陡时，可采用楔形体法。

同一组试验体的地质条件应基本相同，其受力状态应与岩体在工程中的受力状态相近。各种试验布置方案，各有适用条件。

混凝土与岩体的抗剪试验，常采用斜推法。进行土体、软弱面（水平或近乎水平）的抗剪试验，常采用平推法。当软弱面倾角大于其内摩擦角时，常采用楔形体方案。前者适用于剪切面上正应力较大的情况，后者则相反。

（二）试验设备

现场直剪试验的仪器设备主要由加载设备、传力设备和量测设备及其他配套设备组成。

（三）试验技术要求

1. 现场直剪试验每组岩体不宜少于 5 个，岩体试样尺寸不小于 50 cm×50 cm，一般采用 70cm×70cm 的方形体，剪切面积不得小于 0.25 ㎡。试体最小边长不宜小于 50cm，高度不宜小于最小边长的 0.5 倍。试体之间的距离应大于最小边长的 1.5 倍。

每组土体试验不宜少于 3 个，剪切面积不宜小于 0.3 ㎡，土体试样可采用圆柱体或方柱体，高度不宜小于 20 cm 或为最大粒径的 4~8 倍，剪切面开缝应为最小粒径的 1/3~1/4。

2. 开挖试坑时应避免对试体的扰动和含水量的显著变化，保持岩土样的原状结构不受扰动是非常重要的，故在爆破、开挖和切样过程中，均应避免岩土样或软弱结构面破坏和含水量的显著变化；对软弱岩土体，在顶面和周边加护层（钢或混凝土），护套底边应在剪切面以上。

在地下水位以下试验时，应先降低水位，安装试验装置恢复水位后，再进行试验，避免水压力和渗流对试验的影响。

3. 施加的法向荷载、剪切荷载应位于剪切面、剪切缝的中心，或使法向荷载与剪切荷载的合力通过剪切面的中心，并保持法向荷载不变；对于高含水量的塑性软弱层，法向荷载应分级施加，以免软弱层挤出。

4. 最大法向荷载应大于设计荷载，并按等量分级，荷载精度应为试验最大荷载的 ±2%。

5. 每一试体的法向荷载可分 4~5 级施加；当法向变形达到相对稳定时，即可施加剪切荷载。

6. 每级剪切荷载按预估最大荷载的 8%~10% 分级等量施加，或按法向荷载的 5%~10% 分级等量施加；岩体按每 5~10min、土体按每 30s 施加一级剪切荷载。

7. 当剪切变形急剧增长或剪切变形达到试体尺寸的 1/10 时，可终止试验。

8. 根据剪切位移大于 10mm 时的试验成果确定残余抗剪强度，需要时可沿剪切面继续进行摩擦试验。

（四）试验资料整理、成果分析

1. 试验资料整理

（1）岩体结构面直剪试验记录应包括工程名称、试体编号、试体位置、试验方法、试体描述、剪切面积、测表布置、各法向荷载下各级剪切荷载时的法向位移及剪切位移。

（2）试验结束后，应对试件剪切面进行描述。

2. 准确量测剪切面面积

1）详细描述剪切面的破坏情况、擦痕的分布、方向和长度；

2）测定剪切面的起伏差，绘制沿剪切方向断面高度的变化曲线；

3）当结构面内有充填物时，应准确判断剪切面的位置，并记述其组成成分、性质、厚度、构造，根据需要测定充填物的物理性质。

3. 确定比例强度、屈服强度、峰值强度、剪胀点和剪胀强度

绘制剪切应力与剪切位移曲线、剪应力与垂直位移曲线，确定比例强度、屈服强度、峰值强度、剪胀点和剪胀强度。

（1）比例界限压力

比例界限压力定义为剪应力与剪切位移曲线直线段的末端相应的剪应力，如直线段不明显，可采用一些辅助手段确定。

1）用循环荷载方法在比例强度前卸荷后的剪切位移基本恢复，过比例界限后则不然。

2）利用试体以下基底岩土体的水平位移与试样水平位移的关系判断在比例界限之前，两者相近；过比例界限后，试样的水平位移大于基底岩土的水平位移。

3）绘制 τ-u/τ 曲线（τ 为剪应力，u 为剪切位移）在比例界限之前，u/τ 变化极小；过比例界限后，u/τ 值增长加快。

（2）剪胀强度

剪胀强度相当于整个试样由于剪切带体积变大而发生相对的剪应力，可根据剪应力与垂直位移曲线判定。

（3）绘制法向应力与比例强度、屈服强度、峰值强度、残余强度的曲线，确定相应的强度参数岩体结构面的抗剪强度，与结构面的形状、闭合、充填情况和荷载大小及方向等有关。根据长江科学院的经验，对于脆性破坏岩体，可以利用比例强度确定抗剪强度参数；而对于塑性破坏岩体，可以利用屈服强度确定抗剪强度参数。

验算岩土体滑动稳定性，可以用残余强度确定抗剪强度参数。因为在滑动面上破坏的发展是累进的，发生峰值强度破坏后，破坏部分的强度降为残余强度。

十、岩体原位应力测试

岩体应力测试适用于无水、完整或较完整的岩体，可采用孔壁应变法、孔径变形法和孔底应变法测求岩体空间应力和平面应力。

用孔壁应变法测试采用孔壁应变计，量测套钻解除应力后钻孔孔壁的岩石应变；用孔径变形法测试采用孔径变形计，量测套钻解除应力后的钻孔孔径的变化；用孔底应变法测试采用孔底应变计，量测套钻解除应力后的钻孔孔底岩面应变。按弹性理论公式计算岩体内某点的应力，当需测求空间应力时，应采用三个钻孔交会法测试。

岩体应力测试的设备、测试准备、仪器安装和测试过程按现行国家标准《工程岩体试验方法标准》（GB/T-50266—2013）执行。

（一）测试技术要求

1.测试岩体原始应力时，测点深度应超过应力扰动影响区；在地下洞室中进行测试时，测点深度应超过洞室直径的 2 倍。

2.在测点测段内，岩性应均一完整。

3.测试孔的孔壁、孔底应光滑、平整、干燥。

4.稳定标准为连续三次读数（每隔 10 min 读一次）之差不超过 5。

5.同一钻孔内的测试读数不应少于三次。

6.岩芯应力解除后的围压试验应在 24 h 内进行，压力宜分 5~10 级，最大压力应大于预估岩体最大主应力。若不能在 24 h 内进行围压试验，应对岩芯进行蜡封，防止含水率变化。

（二）资料整理

根据岩芯解除应变值和解除深度，绘制解除过程曲线。

根据围压试验资料，绘制压力与应变关系曲线，计算岩石弹性常数。

孔壁应变法、孔径变形法和孔底应变法计算空间应力、平面应力分量和空间主应力及其方向，可按《工程岩体试验方法标准》（GB/T-50266—2013）附录 A 执行。

十一、激振法测试

激振法测试包括强迫振动和自由振动，用于测定天然地基和人工地基的动力特性，为动力机器基础设计提供地基刚度、阻尼比和参振质量。

（一）试验方法

激振法测试应采用强迫振动方法，有条件时宜同时采用强迫振动和自由振动两种测试方法。具有周期性振动的机器基础，应采用强迫振动测试。由于竖向自由振动试验，当阻尼比较大时，特别是有埋深的情况，实测的自由振动波数少，很快就衰减了，从波形上测得的固有频率值及由振幅计算的阻尼比，都不如强迫振动试验准确。但是，当基础固有频率较高时，强迫振动测不出共振峰值的情况也是有的。因此，有条件时宜同时采用强迫振动和自由振动两种测试方法，以便互相补充、互为印证。

进行激振法测试时，应收集机器性能、基础形式、基底标高、地基土性质和均匀性、地下构筑物和干扰振源等资料。

（二）测试技术要求

1.由于块体基础水平回转耦合振动的固有频率及在软弱地基土的竖向振动固有频率一般均较低，因此激振设备的最低频率规定为 3~5Hz，使测出的幅频响应共振曲线能较好地满足数据处理的需要。而桩基础的竖向振动固有频率高，要求激振设备的最高工作频率尽可能地高，最好能达到 60Hz 以上，以便能测出桩基础的共振峰值，电磁式激振设备的工作频率范围很宽，但扰力太小时对桩基础的竖向振动激不起来，因此规定，扰力不宜小于 600 N。

2. 块体基础的尺寸宜采用 2.0 m × 1.5 m × 1.0m。在同一地层条件下，宜采用两个块体基础进行对比试验，基底面积一致，高度分别为 1.0m 和 1.5m；桩基测试应采用两根桩，桩间距取设计间距；桩台边缘至桩轴的距离可取桩间距的 1/2，桩台的长宽比应为 2：1，高度不宜小于 1.6m；当进行不同桩数的对比试验时，应增加桩数和相应桩台面积；测试基础的混凝土强度等级不宜低于 C15。

3. 测试基础应置于拟建基础附近和性质类似的土层上，其底面标高应与拟建基础底面标高一致。

4. 为了获得地基的动力参数，应进行明置基础的测试，而埋置基础的测试是为获得埋置后对动力参数的提高效果，有了两者的动力参数，就可进行机器基础的设计。因此，测试基础应分别做明置和埋置两种情况的测试，埋置基础的回填土应分层夯实。

5. 仪器设备的精度、安装、测试方法和要求等，应符合现行国家标准《地基动力特性测试规范》（GB/T-50269—2015）的规定。

第四节　室内试验及物理力学指标统计分析

一、岩土试验项目和试验方法

本节主要内容是关于岩土试验项目和试验方法的选取及一些原则性问题的规定，具体的操作和试验仪器规格，则应按现行国家标准《土工试验方法标准》（GB/T-50123—1999）和国家标准《工程岩体试验方法标准》（GB/T-50266—2013）的规定执行。由于岩土试样和试验条件不可能完全代表现场的实际情况，故规定在岩土工程评价时，宜将试验结果与原位测试成果或原型观测反分析成果比较，并做必要的修正后选用。

试验项目和试验方法应根据工程要求和岩土性质的特点确定。一般的岩土试验，可以按标准的、通用的方法进行。但是，岩土工程师必须注意到岩土性质和现场条件中存在的许多复杂情况，包括应力历史、应力场、边界条件非均质性、非等向性、不连续性等，如工程活动引起的新应力场和新边界条件，使岩土体与岩土试样的性状之间存在不同程度的差别。试验时应尽可能模拟实际，使试验条件尽可能接近实际，使用试验成果时不要忽视这些差别。

对特种试验项目，应制订专门的试验方案。

制备试样前，应对岩土的重要性状做肉眼鉴定和简要描述。

（一）土的物理性质试验

1. 各类工程均应测定下列土的分类指标和物理性质指标：砂土：颗粒级配、体积质量、天然含水量、天然密度、最大和最小密度。粉土：颗粒级配、液限、塑限、体积质量、天然含水量、天然密度和有机质含量。黏性土：液限、塑限、体积质量、天然含水量、天然密度和有机质含量。注：（1）对砂土，如无法取得1级、2级、3级土试样时，可只进行颗粒级配试验；（2）目测鉴定不含有机质时，可不进行有机质含量试验。

2. 测定液限时，应根据分类评价要求，选用现行国家标准《土工试验方法标准》（GB/T-50123—1999）规定的方法。我国通常用76 g瓦氏圆锥仪，但在国际上更通用卡氏碟式仪，故目前在我国是两种方法并用。由于测定方法的试验成果有差异，故应在试验报告上注明。

土的体积质量变化幅度不大，有经验的地区可根据经验判定，但在缺乏经验的地区，仍应直接测定。

3. 当进行渗流分析、基坑降水设计等要求提供土的透水性参数时，应进行渗透试验。常水头试验适用于砂土和碎石土；变水头试验适用于粉土和黏性土；透水性很低的软土可通过固结试验测定固结系数、体积压缩系数和渗透系数。土的渗透系数取值应与野外抽水试验或注水试验的成果比较后确定。

4. 当需对土方回填和填筑工程进行质量控制时，应选取有代表性的土试样进行击实试验，测定干密度与含水量关系，确定最大干密度、最优含水量。

（二）土的压缩固结试验

1. 采用常规固结试验求得的压缩模量和一维固结理论进行沉降计算，是目前广泛应用的方法。由于压缩系数和压缩模量的值随压力段而变，所以当采用压缩模量进行沉降计算时，固结试验最大压力应大于土的有效自重压力与附加压力之和，试验成果可用 e-p 曲线整理，压缩系数和压缩模量的计算应取自土的有效自重压力至土的有效自重压力与附加压力之和的压力段；当考虑深基坑开挖卸荷和再加荷影响时，应进行回弹试验，其压力的施加应模拟实际的加、卸荷状态。

2. 按不同的固结状态（正常固结、欠固结、超固结）进行沉降计算，是国际上通用的方法。当考虑土的应力史进行沉降计算时，试验成果应按 e-1gp 曲线整理，确定先期固结压力并计算压缩指数和回弹指数。施加的最大压力应满足绘制完整的 e-1gp 曲线。为计算回弹指数，应在估计的先期固结压力之后，进行一次卸荷回弹，再继续加荷，直至完成预定的最后一级压力。

3. 当需进行沉降历时关系分析时，应选取部分土试样在土的有效压力与附加压力之和的压力下，做详细的固结历时记录，并计算固结系数。

4.沉降计算时一般只考虑主固结，不考虑次固结。但对于厚层高压缩性软土上的工程，次固结沉降可能占相当分量，不应忽视。任务需要时应取一定数量的土试样测定次固结系数，用以计算次固结沉降及其历时关系。

5.除常规的沉降计算外，有的工程需建立较复杂的土的力学模型进行应力应变分析。当需进行土的应力应变关系分析，为非线性弹性、弹塑性模型提供参数时，可进行三轴压缩试验，试验方法宜符合下列要求：

（1）进行围压与轴压相等的等压固结试验，应采用三个或三个以上不同的固定围压，分别使试样固结，然后逐级增加轴压，直至破坏，取得在各级围压下的轴向应力与应变关系，供非线性弹性模型的应力应变分析用；各级围压下的试验，宜进行 1~3 次回弹试验。

（2）当需要时，除上述试验外，还要在三轴仪上进行等向固结试验，即保持围压与轴压相等；逐级加荷，取得围压与体积应变关系，计算相应的体积模量，供弹性、非线性弹性、弹塑性等模型的应力应变分析用。

（三）土的抗剪强度试验

1.排水状态对三轴试验成果影响很大，不同的排水状态所测得值差别很大，故应使试验时的排水状态尽量与工程实际一致。三轴剪切试验的试验方法应按下列条件确定：

（1）对饱和黏性土，当加荷速率较快时宜采用不固结不排水（UU）试验。由于不固结不排水剪得到的抗剪强度最小，用其进行计算结果偏于安全，但是饱和软黏土的原始固结程度不高，而且取样等过程又难免有一定的扰动影响，故为了不使试验结果过低，规定饱和软黏土应对试样在有效自重压力下预固结后再进行试验。

（2）对预压处理的地基、排水条件好的地基、加荷速率不高的工程或加荷速率较快但土的超固结程度较高的工程，以及需验算水位迅速下降时的土坝稳定性时，可采用固结不排水（CU）试验。当需提供有效应力抗剪强度指标时，应采用固结不排水测孔隙水压力（CU）试验。

（3）对在软黏土上非常缓慢地建造的土堤或稳态渗流条件下进行稳定分析的土堤，可进行固结排水（CD）试验。

2.直接剪切试验的试验方法，应根据荷载类型、加荷速率及地基土的排水条件确定。虽然直剪试验存在一些明显的缺点，如受力条件比较复杂、排水条件不能控制等，但由于仪器和操作都比较简单，又有大量实践经验，故在一定条件下仍可采用，但对其应用范围应予限制。

无侧限抗压强度试验是三轴试验的一个特例，对于内摩擦角 $\phi \approx 0$ 的软黏土，可用 1 级土样进行无侧限抗压强度试验，代替自重压力下预固结的不固结、不排水三轴剪切试验。

3.测定滑坡带等已经存在剪切破裂面的抗剪强度时，应进行残余强度试验。测滑坡带上土的残余强度，应首先考虑采用含有滑面的土样进行滑面重合剪试验。但有时取不到这种土样，此时可用取自滑面或滑带附近的原状土样或控制含水量和密度的重塑土样做多次剪切。试验可用直剪仪，必要时可用环剪仪。在确定计算参数时，宜与现场观测反分析的成果比较后确定。

这些试验一般用于应力状态复杂的堤坝或深挖方的稳定性分析。

（四）土的动力性质试验

当工程设计要求测定土的动力性质时，可采用动三轴试验、动单剪试验或共振柱试验。不但土的动力参数值随动应变而变化，而且不同仪器或试验方法有其应变值的有效范围。故在选择试验方法和仪器时，应考虑动应变的范围和仪器的适用性。

动三轴和动单剪试验可用于测定土的下列动力性质：

1.动弹性模量、动阻尼比及其与动应变的关系

用动三轴仪测定动弹性模量、动阻尼比及其与动应变的关系时，在施加动荷载前，宜在模拟原位应力条件下先使土样固结。动荷载的施加应从小应力开始，连续观测若干循环周数，然后逐渐加大动应力。

2.既定循环周数下的动应力与动应变关系

测定既定的循环周数下轴向应力与应变关系，一般用于分析震陷和饱和砂土的液化。

3.饱和土的液化剪应力与动应力循环周数关系

当出现下列情况之一时，可判定土样已经液化：孔隙水压力上升，达到初始固结压力时；轴向动应变达到 5% 时。

共振柱试验可用于测定小动应变时的动弹性模量和动阻尼比。

（五）岩石试验

1.岩石的成分和物理性质试验可根据工程需要选定下列项目：岩矿鉴定；颗粒密度和块体密度试验；吸水率和饱和吸水率试验；耐软化或崩解性试验；膨胀试验；冻融试验。

2.单轴抗压强度试验应分别测定干燥和饱和状态下的强度，并提供极限抗压强度和软化系数。岩石的弹性模量和泊松比，可根据单轴压缩变形试验测定。对各向异性明显的岩石应分别测定平行和垂直层理面的强度。

3.由于岩石对拉伸的抗力很小，所以岩石的抗拉强度是岩石的重要特征之一。测定岩石抗拉强度的方法很多，但比较常用的有劈裂法和直接拉伸法。勘察规范推荐采用劈裂法，即在试件直径方向上，施加一对线性荷载，使试件沿直径方向破坏，间接测定岩石的抗拉强度。

4.当间接确定岩石的强度指标时，可进行点荷载试验和声波速度试验。

二、物理力学指标统计分析

（一）岩土参数可靠性和实用性评价

岩土参数的选用是岩土工程勘察评价的关键。岩土参数可分为两大类：一类是评价指标，用以评定岩土的性状，作为划分地层鉴定类别的主要依据；另一类是计算指标，用以设计岩土工程，预测岩土体在荷载和自然条件作用下的力学行为及变化趋势，指导施工与监测。

对岩土参数的基本要求是可靠、适用。所谓可靠，是指参数能正确地反映岩土体在规定条件下的性状，能比较有把握地估计参数真值所在的区间；所谓适用，是指参数能满足岩土力学计算的假定条件和计算精度要求，岩土工程勘察报告应对主要参数的可靠性和适用性进行分析，在分析的基础上选定参数。

选用岩土参数，应按下列内容评价其可靠性和适用性：

1. 取样方法及其他因素对试验结果的影响。

岩土参数的可靠性和适用性，在很大程度上取决于岩土的结构受到扰动的程度。各种不同的取样器和取样方法，对结构的扰动是显著不同的。

2. 采用的试验方法和取值标准。

3. 不同测试方法所得结果的分析比较。

对同一个物理力学性质指标，用不同测试手段获得的结果可能不相同，要在分析比较的基础上说明造成这种差异的原因，以及各种结果的适用条件。例如，土的不排水抗剪强度可以用室内 UU 试验求得，也可以用室内无侧限抗压试验求得，还可以用原位十字板剪切试验求得，不同测试手段所得的结果不同，应当进行分析比较。

4. 测试结果的离散程度。

5. 测试方法与计算模型的配套性。

（二）岩土参数统计

由于土的不均匀性，对同一土层取的土样，用相同方法测定的数据通常是离散的，并以一定的规律分布。这种分布可以用一阶矩和二阶矩统计量来描述。一阶原点矩是分布平均布置的特征值，称为数学期望或平均值，表示分布的平均趋势；二阶中心矩用以表示分布离散程度的特征，称为方差。标准差是方差的平方根，与平均值的量纲相同。规范要求给出岩土参数的平均值和标准差，而不要求给出一般值、最大平均值、最小平均值一类无概率意义的指标。作为工程设计的基础，岩土工程勘察应当提供可靠性设计所必需的统计参数，分析数据的分布情况和误差产生的原因并说明数据的舍弃标准。

第四章 地下水勘察

第一节 场地地下水的基本概念

一、类型

岩土中的空隙类型岩石或土内部存有大量的空隙，为水的储存和运动提供了空间和通道。空隙的多少、大小、形状及连通情况对地下水的分布和运动具有重要影响。根据成因和形状，空隙分为松散岩土中的孔隙、坚硬岩石中的裂隙和可溶岩石中的溶穴三种基本类型。

在不同的岩体或土体中，空隙类型有所不同。松散沉积物中以孔隙为主，坚硬岩石中以裂隙为主，可溶性沉积岩中以溶穴为主。但是，自然界岩土中空隙的发育状况是很复杂的，同一种岩土体中可能存在多种空隙类型，如固结程度不高的砂岩中，既有孔隙，也有裂隙；同一溶性的灰岩中，不仅有溶洞、溶隙和溶孔，也有未经溶解作用的原生孔隙和裂隙等。

坚硬岩石或多或少存在裂隙，松散介质土体中则有大量的孔隙，岩土空隙是地下水赋存和运移的空间空隙的多少、大小及其分布规律，决定地下水分布与运动的特点。通常将岩土空隙的大小、多少、形状、连通程度，以及分布状况等性质统称为岩土的空隙性，常用空隙率表示，也可用孔隙率和裂隙率表示。

孔隙、裂隙和溶穴各具有不同的特点。在结构松散的砂土（粗砂、细砂、粉细砂）和碎石土中，孔隙均匀分布，连通性好，不同方向上孔隙通道大小和数量都相差不大。坚硬岩石中的裂隙是有一定长度、宽度并沿一定方向延伸的裂缝，其显著特点是不均匀性和各向异性。裂隙的体积只占岩石体积的极小部分，裂隙在岩层中的分布非常不均匀，裂隙延伸方向渗透性很强，而垂直裂隙走向渗透性极小。裂隙间的连通性远比孔隙差，只有当裂隙发育比较密集且不同方向的裂隙相互交叉构成裂隙网络时，才有较好的连通性。溶穴包括溶洞、溶隙、溶孔等空隙类型，具有比裂隙更显著的不均匀性。

既有规模巨大、延伸长达数十千米的大型溶洞，也有十分细小的岩溶裂隙及溶孔。

研究岩土的空隙时，不仅要研究空隙的多少，更重要的是研究空隙的大小、连通性和分布规律。松散土的孔隙大小和分布都比较均匀，且连通性好；岩石裂隙无论其宽度、长度和连通性差异均很大，分布不均匀；溶隙大小相差悬殊，分布很不均匀，连通性更差。

二、含水层、隔水层

自然界的岩层按其透水能力可以划分为透水层、弱透水层和不透水层。

可给出并透过相当数量重力水的岩层称为含水层；不能给出或不透水的岩层称为隔水层；能透过但不能储存水的岩层称为透水层。构成含水层的条件，一是岩层中要有空隙（储水空间）的存在，并充满足够数量的重力水；二是这些重力水能够在岩层中自由运动；三是要满足一定的地质构造条件。

含水段与含水岩系松散沉积物的岩性单一又连续成层分布时，称为含水层是合适的。但在含水极不均匀的裂隙或岩溶发育的基岩地区，如划分含水层或隔水层，则往往不能反映实际含水特征。这就需要根据裂隙、岩溶实际的含水状况划分出含水段。对于穿越不同成因、岩性、时代的含水的断裂破碎带，则可划为一个含水带。同样，根据实际需要，可将几个地层时代和成因特征相同的含水层（其间可夹有弱透水层或隔水层）划为同一含水岩组。如第四纪松散沉积物的砂土层，常夹有薄层黏土层，但其上、下砂土层之间存在水力联系，有统一的地下水位，化学成分亦相近，即可划为一个含水岩组（简称含水组）。将几个水文地质条件相近的含水岩组划为一个含水岩系，如第四纪含水岩系、基岩裂隙水含水岩系、岩溶水含水岩系等。

含水层和隔水层的划分是相对的。岩性和渗透性完全一样的岩层，在某些条件下可能被看作是含水层，另外一些条件下则可能被当作隔水层或弱透水层。例如，渗透性较差仅含少量地下水的弱透水层，在水资源缺乏地区可能是含水层，而在水资源丰富地区通常被视为隔水层。又如，黏性土层渗透性较差，孔隙度高但给水度小，富水性不好，从供水角度完全可以当作隔水层或弱透水层；但在基坑降水、软土地基处理等岩土工程中，其渗透性和含水性就不能被忽略。同样地，渗透性较差的裂隙性岩体对供水可能无意义，但对水库的渗漏可能起到重要影响。

三、包气带和饱水带

地下水的分类方法很多，根据含水情况的不同，地面以下的岩土层可划分为包气带和饱水带两个带。地面以下稳定地下水面以上为包气带，稳定地下水面以下为饱水带。为了便于研究，水文地质学习惯上根据埋藏条件和赋存介质的不同进行地下水类型的划分。根据地下水的埋藏条件，可以把地下水分为包气带水（含上层滞水）、潜水和承压水。由于赋存于不同岩层中的地下水，受其含水介质特征不同的影响，具有不同的分布与运动特点，按照含水介质类型，地下水可分为孔隙水、裂隙水和岩溶水、即根据地下水赋存于岩层中的空隙类型，分别叫作各类型空隙的地下水。

地表以下一定深度上，岩土中的空隙被重力水所充满，形成地下水水面。地下水水面以上称为包气带，地下水水面以下称为饱水带。

包气带自上而下可分为土壤水带、中间水带和毛细水带。

包气带又称非饱水带，含有结合水、毛细水和气态水。包气带水受颗粒表面吸附力和孔隙的毛细张力和重力的共同作用。分布于包气带中局部不透水层或弱透水层表面的重力水称为上层滞水。

上层滞水的形成条件：透水层中分布有局部隔水层或弱透水层；隔水层产状要水平，或接近水平；隔水层分布有一定范围。

其特点如下：补给源为大气降水和地表水渗入，补给区与分布区一致；水量小，且不稳定，季节性变化明显；水位埋藏浅，易蒸发，易污染，水质较差。

其工程意义如下：供水意义不大，但在缺水地区，可作为小型供水源，如黄土高原；包气带水的存在，可使地基土的强度减弱；在寒冷的北方地区，易引起道路的冻胀和翻浆；其水位变化大，常给工程的设计、施工带来困难。其处理方法是抽掉，把隔水层底板打穿，排向下部含水层。

从地下水补给角度来看，包气带是地下水获得大气降水和地表水补给的必经之路；从岩土工程角度来看，包气带岩层类型、厚度、特征、含水率、水质、毛细水上升高度等关系到工程的稳定和使用，尤其是当建筑物基础位于地下水位附近时，要同时考虑饱水带地下水和毛细水上升高度对建筑地基的影响。

四、地下水分类

地下水按其赋存的空隙类型分为孔隙水、裂原水和岩溶水三大类。

典型松散沉积物的孔隙水其分布和运动都是比较均匀的，且是各向同性的。同一孔隙含水层中的地下水通常具有统一的水力联系和水位。孔隙水的运动一般比较缓慢，运动状态多为层流。

裂隙水的分布和运动具有不均匀性。裂隙水赋存于岩体中有限体积的裂隙中，由于裂隙连通性较差，其分布常是不连续的和不均匀的。裂隙岩层一般不会构成具有统一水力联系流场、水量均匀分布的含水层。裂隙水的运动也不同于孔隙水的运动，表现在：①裂隙水沿裂隙延伸方向运动，具有显著的方向性；②裂隙水一般不能形成连续的渗流场；③裂隙特别是宽大裂隙中水的运动速度较快，不同于多孔介质中的渗流。

典型的岩溶介质通常是由溶孔（孔隙）、溶蚀裂隙、溶洞（管道）组成的三重空隙介质系统，溶孔、裂隙和岩溶管道对岩溶水赋存和运动起着不同的作用。广泛分布的细小孔隙和溶蚀裂隙，导水性差而总空间大，是岩溶水赋存的主要空间。宽大的岩溶管道和裂隙具有很强的导水性，是岩溶水运动的主要通道。规模介于两者之间的溶蚀裂隙则兼具储水和导水的作用。大小形状不同的溶蚀性空隙彼此相互连通，使得岩溶水在宏观上具有统一的水力联系，而在微观上水力联系较差。岩溶水的运动也远比孔隙水和裂隙水复杂。在大型岩溶管道中，水流速度很大，有时可达每秒几米到几十米，水流常呈亲流状态。细小溶孔、溶隙中的岩溶水一般呈层流运动。

1. 上层滞水

分布在包气带中局部隔水层或弱透水层之上具有自由水面的重力水。其分布范围和水量有限，来源于大气降水和地表水的入渗补给，只有在获得大量降水入渗补给后，才能积聚一定水量，仅在缺水地区有一定供水意义。

2. 潜水

潜水是埋藏在地面以下第一个稳定隔水层之上具有自由水面的重力水。潜水主要分布在松散岩土层中，出露地表的裂隙岩层或岩溶岩层中也有潜水分布。

（1）埋藏条件中的基本概念

a. 潜水面：潜水的自由水面。

b. 潜水位：潜水面上任一点的高程称为该点的潜水位。

c. 埋藏深度（水位埋深）：自地面某点至潜水面的距离。

d. 潜水含水层的厚度：潜水面到隔水底板的距离。

e. 隔水底板：含水层底部的隔水层。

f. 潜水面坡度：相邻两条等水位线的水位差除以其水平距离。当其值很小时，可视为水力梯度。

（2）潜水特点

1）潜水为无压水，具有自由表面，其上无稳定的隔水层存在。

2）潜水在重力作用下，由高处向低处流动，流速取决于地层的渗透性能和水力坡度。

3）潜水的分布区与补给区一致，受降水、地表水、凝给水补给。

4）潜水积极参与水循环，资源易于补充恢复，潜水动态受气候影响较大，具有明显的季节性变化特征，且含水层厚度一般比较有限，其资源通常缺乏多年调节性。

5）潜水的水质主要取决于气候、地形及岩性条件。湿润气候及地形切割强烈的地区，有利于潜水的径流排泄，往往形成含盐量不高的淡水。干旱气候下由细颗粒组成的盆地平原，以潜水的蒸发排泄为主，常形成含盐高的咸水，潜水容易受到污染，污染后不易恢复，因此应注意对潜水水源的卫生防护。

（3）潜水面及其表示方法

潜水面是自由表面，在不同情况下具有不同形状，倾斜、抛物线、水平、起伏不平。潜水面在平面上常以潜水等水位线图来表示，在剖面上是以水文地质剖面图来反映的。

潜水等水位线图是指潜水面上标高（水位）相等点的连线图。绘制时将同一时间测得的潜水位标高相同的点用线连接起来，相当于地下水面的等高线图。

潜水是地表以下第一个稳定隔水层（或渗透性极弱的岩土层）之上具有自由水面的地下水。潜水没有隔水顶板，与包气带连通，具有自由水面（潜水面）。从潜水面到隔水底板的距离为潜水含水层厚度，潜水面到地面的距离为潜水埋藏深度。

潜水接收大气降水或地表水入渗补给，在重力作用下由水位高的地方向水位低的地方径流，以蒸发泉或泄流等形式向地表或地表水体排泄。水位受气象、水文因素的影响与控制，丰水期或丰水年获得充足的补给后，水位上升；枯水期或枯水年，补给减少，水位下降。潜水埋藏深度较浅，当其以蒸发为主要排泄方式时，易成为含盐量高的成水。另外，潜水容易受到地表各种污染物的污染。

（4）承压水

含义及埋藏条件：充满于上下两个稳定隔水层之间的含水层中的有压重力水称为承压水。承压水没有自由水面，水体承受静水压力，有时待钻孔揭露后可喷出地表，称为自流水。

埋藏条件的基本概念：

a. 隔水顶板：承压含水层的上部隔水层；隔水底板：承压含水层的下部隔水层。

b. 含水层厚度（M）：隔水顶板到底板的垂直距离。

c. 初见水位（H）：在承压区，只有隔水顶板揭穿后才能见到地下水，当有隔水顶板揭穿时所见的地下水的高程，则称为承压水初见水位，即为隔水顶板底面的高程。

承压水的水位（标高）高于隔水顶板（标高）含水层顶板承受大气压以外的静水压力作用。承压含水层水位至含水层顶面间的距离称为承压高度。当承压含水层的水位高于地面标高时，如有钻孔揭穿隔水顶板，承压水便可自流或自喷形成自流井。

承压水主要来源于大气降水和地表水的入渗，在水头差作用下由水头高的地方向水头低的地方径流，这一点与潜水基本相同。与潜水不同的是，如果承压含水层顶底板隔水性较好，承压水不以蒸发形式向外排泄，承压含水层的补给区、径流区、排泄区常常在位置不同的区域。承压含水层出露于地表或与其他含水层相接触的地方为补给区，接受降水、地表水或地下水的补给，经过一定距离的径流，在另外区域以泉或人工开采等形式排泄。当承压含水层顶底板为弱透水层时，可与其上下相邻的其他含水层中的地下水发生越流。

处在封闭状态、水循环微弱的承压水水质较差，而处在开放状态、水循环比较强烈的承压水水质较好。

承压水的特征：

1）承压水的重要特征是没有自由水面，具有承压性，承受静水压力。

2）埋藏区与补给区不一致，补给区、承压区和排泄区的分布较为明显。

3）补给区为承压含水层出露地表部分，可接受降水、地表水及上部潜水的补给，具有潜水的特点。

4）有限区域与外界联系，参与水循环不如潜水积极，水交替慢，平均滞留时间长（年龄老或长），不宜补充、恢复。埋藏深度大，受人为因素和自然因素影响较小，故水质、水温、水量、水化学等特征变化小，动态稳定，具有多年调节性能。

5）承压水的水质取决于埋藏条件及其与外界的联系程度，可以是淡水，也可以是含盐量很高的卤水。通常水质较好，水量稳定，不易受污染，但污染后很难修复，是良好的供水水源。

（5）等水压线图

1）含义：将许多钻孔揭露的承压水位相同的点连成线，称为等水压线，由等水压线组成的平面图即为等水压线图。

2）特点：一个地区很多钻孔揭露同一层的承压水位，可以形成一个面，称为水压面，这是一个想象的面。等水压线也是一个虚构的线，与潜水面和潜水等水位线是不同的。

3）用途：除了与潜水等水位线图有相似的用途外，在图上还附有含水层顶板等高线，加上地形等高线，可计算以下数据：

a.含水层埋藏深度 = 地形等高线高程值－含水层顶板等高线高程值，可作为打井所需的深度。

b.承压水位埋深 = 地形等高线高程值－等水压线高程值，可确定抽水水泵的吸程。

c.承压水头 = 等水压线高程值－含水层顶板等高线高程值，可确定基坑突涌计算。

（6）对工程的影响

1）基坑开挖时，因承压水隔水顶板厚度减少而可能导致突涌。

2）排水比较困难，井深，范围广，水量大。

第二节　地下水勘察的要求

一、地下水勘察的表现及影响

随着城市建设的高速发展，特别是高层建筑的大量兴建，地下水的赋存和渗流形态对基础工程的影响越来越突出，主要表现在：

1.近年来高层、超高层建筑物越来越多。建筑物的结构与体型也向复杂化和多样化方向发展。与此同时地下空间的利用普遍受到重视，大部分"广场式建筑"的建筑平面内部包含有纯地下室部分，北京、上海等城市还修建了地下广场。高层建筑物基础一般埋深较大，多数超过 10m，甚至超过 20m。在抗浮设计和地下室外墙承载力验算中，正确确定抗浮，设防水位，成为一个牵涉巨额造价以及施工难度和周期的十分关键的问题。

2.高层建筑的基础除埋置较深外，其主体结构部分多采用箱基或筏基，基础宽度很大，加上基底压力较大，基础的影响深度可数倍甚至数十倍于一般多层建筑。在基础影响深度范围内有时可能遇到两层或两层以上的地下水，且不同层位的地下水之间，水力联系和渗流形态往往各不相同，造成人们难于准确掌握建筑场地孔隙水压力场的分布。由于孔隙水压力在土力学和工程分析中的重要作用，如果对孔隙水压力考虑不周，将影响建筑沉降分析、承载力验算、建筑整体稳定性验算等一系列工程评价问题。

3.高层建筑物基础深，需要开挖较深的基坑。在基坑施工及支护工程中如遇到地下水，可能会出现涌水、冒砂、流沙和管涌等问题，不仅不利于施工，还可能造成严重的工程事故。

工程经验表明，在大规模的工程建设中，对地下水的勘察评价将对工程的安全和造价产生极大影响。

地下水的物理性质是指地下水比重、温度、颜色、透明度、味道、气味、导电性及放射性等物理特性的总和。纯净的地下水应无色、无嗅、无味和透明。它们在一定程度上反映了地下水的化学成分及其存在运动的地质环境。当含有某些化学成分和悬浮物时，其物理性质会改变。

地下水的温度主要受大气温度及埋藏深度的控制。近地表的地下水温度，更易受气温的影响。（1）变温带：通常在日常温带以上（埋藏深度 3~5 m 以内）的水温，呈现周期性的日变化，年常温带以上（埋藏深度 50m 以内）的水温，则呈现周期性的年变化；（2）常温带：在年常温带，水温的变化很小，一般不超过 1℃；（3）增温带：在年常温带以下，地下水的温度则随深度的增加而递增，其变化规律取决于地热增温级。

二、地下水勘察的基本要求

岩土工程对地下水的勘察应根据工程需要，通过收集资料和勘察工作，查明以下水文地质条件：

1.地下水的类型和赋存状态。

2.主要含水层的分布规律。

3.区域性气象资料，如年降水量、蒸发量及其变化和对地下水位的影响。

4.地下水的补给、径流和排泄条件、地表水与地下水的补排关系及其对地下水位的影响。

5.除测量地下水水位外，还应调查历史最高水位、近3~5年最高地下水位。查明影响地下水位动态的主要因素，并预测未来地下水变化趋势。

6.查明地下水或地表水污染源，评价污染程度。

7.对缺乏常年地下水位监测资料的地区，在高层建筑或重大工程的初步勘察时，宜设置长期观测孔，对地下水位进行长期观测。

地下水的赋存状态是随时间变化的，不仅有年变化规律，也有长期的动态规律。一般情况下详细勘察阶段时间紧迫，只能了解勘察时刻的地下水状态，有时甚至没有足够的时间进行规定的现场试验。因此，除要求加强对长期动态规律的收集资料和分析工作外，在初勘阶段宜预设长期观测孔和进行专门的水文地质勘查工作。

三、专门水文地质勘查要求

对高层建筑或重大工程，当水文地质条件对地基评价、基础抗浮和工程降水有重大影响时，宜进行专门的水文地质勘查。其主要任务是：

1.查明含水层和隔水层的埋藏条件、地下水类型、流向、水位及其变化幅度；当场地范围内分布有多层对工程有影响的地下水时，应分层量测地下水位，并查明不同含水层之间的相互补给关系。

2.查明场地地质条件对地下水赋存和渗流状态的影响，必要时应设置观测孔或在不同深度处埋设孔隙水压力计量测水头随深度的变化。

地下水对基础工程的影响，实质上是水压力或孔隙水压力场的分布状态对工程结构影响的问题，而不仅仅是水位问题：了解在基础受力层范围内孔隙水压力场的分布，特别是在黏性土层中的分布，在高层建筑勘察与评价中是至关重要的。因此宜查明各层地下水的补给关系、渗流状态以及量测水头压力随深度的变化，有条件时宜进行渗流分析，量化评价地下水的影响。

3.通过现场试验，测定含水层渗透系数等水文地质参数

渗透系数等水文地质参数的测定，有现场试验和室内试验两种方法。一般室内试验误差较大，现场试验比较切合实际，因此，一般宜通过现场试验测定。当需要了解某些弱透水性地层的参数时，也可采用室内试验方法。

四、取样和分析要求

工程场地的水（包括地下水或地表水）和岩土中的化学成分对建筑材料（钢筋和混凝土）可能有腐蚀作用，因此，岩土工程勘察时要采取土样和水样，分析其化学成分，评价水或土对建筑材料是否具有腐蚀性。水土样的采取应该符合下列规定：

1. 所取水试样应能代表天然条件下的水质情况。地下水样的采取应注意：

（1）水样瓶要洗净，取样前用待取样水对水样瓶反复冲洗三次；

（2）采取水样体积简分析时为 100 mL；并加 2~3 g 大理石粉；全分析时取 3000 mL；

（3）采取水样时应将水样瓶沉入水中预定深度缓慢将水注入瓶中，严防杂物混入，水面与瓶塞间要留 1 cm 左右的空隙；

（4）水样采取后要立即封好瓶口，贴好水样标签，及时送化验室；

（5）水样应及时化验分析，清洁水放置时间不宜超过 72 h，稍受污染的水不宜超过 48 h，受污染的水不宜超过 12 h。

2. 混凝土和钢结构处于地下水位以下时，分别采取地下水样和地下水位以上土样做腐蚀性试验；处于地下水位以上时，应采取土样做土的腐蚀性试验，处于地表水中时，应采取地表水样做水的腐蚀性试验。

3. 每个场地水和土样的数量至少各 2 件，建筑群场地至少各 3 件。

第三节　水文地质参数及其测定

一、水文地质参数

水文地质参数是反映地层水文地质特征的数量指标，与岩土工程有关的水文地质参数包括渗透系数、导水系数、给水度、释水系数、越流系数、越流因数、单位吸水率、毛细上升高度以及地下水位等。简要介绍如下：

1. 渗透系数 k：渗透系数 k 是衡量含水层透水能力的定量指标，渗透系数越大，含水层透水能力越强。根据达西定律 $v-kJ$，水力坡度 $J=1$ 时，渗透系数在数值上等于渗透速度 v。因为水力坡度无量纲，所以渗透系数具有速度的量纲，常用 m/d 表示。

2. 导水系数 T：导水系数 T 是衡量含水层给水能力的定量指标，它是水力坡度等于 1 时通过单位宽度整个含水层厚度上的流量（单宽流量），在数值上等于渗透系数 k

与含水层厚度 m 的乘积。

3.给水度 μ：地下水位下降一个单位深度，在重力作用下从单位水平面积的含水层柱体中释放出来的重力水体积，用小数或百分数表示。给水度大小主要与岩土岩性（空隙大小和空隙率）有关，水位下降速度对给水度也有一定影响。颗粒粗大的松散砂土、碎石土，裂隙比较宽大的岩石及岩溶发育的可溶岩，重力释水时，所含重力水几乎全部都可以释放出来，给水度接近孔隙度、裂隙率或岩溶率；而颗粒细小的黏性土其孔隙度通常很高，但其所含水多为结合水，重力水很少，重力释水时大部分水以结合水或毛细水形式滞留于孔隙中，给水度很小。

4.释水系数 S：水头降低 1 个单位时，从单位面积、厚度为整个含水层厚度的含水层柱体中释放出来的水体积，无量纲。

对于承压含水层，水头下降会引起含水层压密和水体积膨胀，含水层发生弹性释水，释水系数用来表示承压含水层的这种弹性释水能力。对于潜水含水层，水位下降时，潜水面下降范围（水位变动带）内含水层发生重力释水，而下部饱水部分也因水位下降而发生弹性释水。但是，弹性释水系数通常在 $10^{-3}\sim10^{-5}$ 之间，重力给水度值一般为 0.05~0.25，二者相差甚大。与重力释水相比，弹性释水量微不足道，通常只考虑潜水含水层的重力给水度。

5.越流和越流系数 k2：潜水含水层和承压含水层之间或两个承压含水层之间的岩土层通常并不是完全隔水的，可能是弱透水的，当上下两个含水层之间存在水头差时，地下水就会从水头高的含水层通过中间的弱透水层向水头低的相邻含水层流动，我们把这种现象称为含水层之间的越流。

求得地下水参数的方法有多种，应根据地层岩性透水性能的大小和工程的重要性以及对地下水参数的要求选择。

二、地下水位的测量

（一）水位测量基本要求

1.遇到地下水时应量测水位，包括初见水位和稳定水位。

2.稳定水位应在初见水位后经一定的稳定时间后量测。稳定水位的间隔时间根据地层的渗透性确定，对砂土和碎石不得少于 0.5h，对粉土和黏性土不得少于 8h。勘察工作结束后，应统一量测勘察场地稳定水位。水位测量精度不得低于 2 cm。

3.对工程有影响的多层含水层的水位量测，应采取止水措施将被测含水层与其他含水层隔开。勘察场地有多层含水层时，要分层测量水位，利用勘探钻孔测量水位时要采取止水措施，将被测含水层与其他含水层隔开。

（二）水位测量方法

测量水位可根据工程性质、施工条件、水位埋深等选用不同的测量方法。水位埋深比较浅时，可用钢尺、皮尺、测钟等测量工具在勘探孔或测压管中直接测量；水位埋藏深度较大时，可用电阻水位计在勘探孔或测压管中测量；当工程需要连续监测地下水水位变化时，可在钻孔或测压管中安装自动水位记录仪进行连续自动测量。

三、地下水流向与流速测定

在各向同性含水层中，地下水流向与等水头线垂直正交，因此，地下水流向可以根据地下水等水位线图确定。如勘察区没有地下水等水位线图时，就需要利用已有井孔或布置钻孔实测地下水流向。

1. 地下水流向的测定方法和要求

测量地下水的流向可用几何法，即沿等边三角形顶点布置三个钻孔，孔间距根据岩土的渗透性、水力梯度和地形坡度确定，一般为50~100 m，如利用现有民井或钻孔时，三个钻孔须形成锐角三角形，其中最小的夹角不宜小于40°。

首先测量各孔（井）地面高程和地下水位埋深，然后计算出各孔地下水水位。绘制等水位线图，从标高高的等水位线向标高低的水位线画垂线，即为地下水流向。

2. 地下水流速测定的方法与要求

地下水流速的测定方法有指示剂法和充电法。

当地下水流向确定后，沿地下水流动方向布置两个钻孔，上游钻孔用于投放指示剂，如 naxiNH、CI 等盐类或着色颜料等，下游钻孔用于接收指示剂。投剂孔与接收孔间的距离由含水层条件确定，一般细砂层为2~5 m，含砾粗砂层为5~15 m，裂隙岩层为10~15 m，岩溶含水层可大于50m。为避免指示剂绕观测孔流过，可在观测孔两侧0.5~1.0m范围内各布置一个辅助观测孔。地下水实际流速 u 由开始投放指示剂到观测孔发现指示剂所经历时间 t 和投放孔与观测孔之间的距离共同确定。

当潜水水位埋深不大于 5 m 时，可用充电法测定地下水的流速。一个孔放阴极，一个孔放阳极，这样，地下水、两极及连接两极的电路就构成闭合电路。给电路通电，电解质就从投剂孔向接收孔运动，根据电路中电流计指针的偏转以及电流—时间曲线，可以确定电解质通过接收孔的时间。

四、渗透系数的测定

测定渗透系数的方法有现场和室内两大类。由于岩土渗透系数在勘察场地范围内通常是不均匀的，室内试验结果仅能代表测试样品的渗透性，不具有代表性。现场试验结果可以弥补室内试验的不足，可以测定整个勘察场地任意位置岩土渗透系数。

（一）渗水试验

试坑渗水试验适合用于测定包气带非饱和岩土层的渗透系数，常用的试验方法有试坑法、单环法和双环法。

1. 试坑法

试坑法适用于砂性土。

在地表挖面积为 30cm×30cm 的方形试坑或直径为 35.75m 的圆形试坑，在坑底铺设厚 2cm 的沙砾石层向试坑内连续注水控制注水量，使坑底水层厚度始终为常数（10cm 为宜）。当从坑底下渗的水量 Q 达稳定，并能延续 2~4 h 时，试验即可结束。

试坑注水试验时水会向侧向渗流，使得实际渗水面积大于试坑面积，因此测得的 k 值偏大。

2. 单环法

单环法适用于砂性土。它是在试坑底嵌入一高 20 cm、直径 37.75 cm 的铁环，该铁环圈定的面积为 100c ㎡。用马里奥特瓶控制环内水柱，使其保持在 10cm 高度，试验一直进行到渗入水量 Q 固定不变时为止。同试坑法原理相同，稳定后的渗透速度即为测试土层的渗透系数。

3. 双环法

双环法适用于测定黏性土的渗透系数。它是在试坑底嵌入两个铁环，外环直径 0.5 m，内环直径为 0.25 m，内、外环都切入土层 10 cm。用马利奥特瓶向双环内注水，使外环和内环的水柱都保持在同一高度上（宜 10cm）。当内环渗水量达到稳定时，单位面积的渗水量即为该土层的渗透系数。

双环法是根据内环所取得的渗水量确定岩土层渗透系数的，水在内环中只有垂向渗流，而无侧向渗流，消除了侧向渗流所造成的误差，测试的精度较试坑法和单环法高。

（二）注水试验

钻孔注水试验适用于地下水位埋藏较深、不便于进行抽水试验的场地或在不含地下水的透水地层中进行。

钻孔注水试验在原理上与抽水试验相似，所不同的是，注水试验时，在注水钻孔周围地层内形成反向的水位漏斗。试验时，往孔内连续注水，形成稳定的水位和常量的注水量。注水稳定时间因目的和要求不同而异，一般为 4~8h。渗透系数可按相同条件的定流量抽水公式计算。

（三）抽水试验

抽水试验是岩土工程勘察中测定岩土层渗透系数、导水系数、给水度、释水系数、越流系数和越流因素等水文地质参数的有效方法。

1. 抽水试验类型

抽水试验方法根据钻孔及观测孔数量、抽水井揭露含水层程度、含水层类型、水位与时间关系、含水层数量不同分类。

抽水试验方法的选择应结合工程特点、勘察阶段及勘察目的、要求和对水文地质参数精度的要求选择。根据试验方法，选用不同的公式计算水文地质参数。

岩土工程勘察一般用稳定流抽水试验即可满足勘察要求，非稳定流抽水试验比较复杂，较少使用。

2. 抽水试验的技术要求

（1）抽水孔与观测孔的布置

抽水孔位置应根据试验目的并结合场地水文地质条件、地形、地貌以及周围环境，布置在有代表性的地段。观测孔的布置应围绕抽水孔，可布置 1~2 排。布置 1 排时，沿垂直地，下水流向布置；布置 2 排时，沿垂直和平行地下水流向各布置 1 排。距抽水井最近的第一个观测孔距抽水井的距离不宜小于含水层厚度；最远观测孔距第一个观测孔不宜太远，以保证抽水时在各观测孔内都能测得一定水位降深值。各观测孔的过滤器长度应当相等，并安置在同一含水层的同一深度上。

抽水试验时应防止抽出的水在抽水影响范围内回渗到含水层中，试验前可修建防渗排水沟渠，把水排出抽水影响范围之外。

（2）水位和水量观测要求

抽水试验前和抽水试验时，必须同步测量抽水孔和观测孔的水位，抽水试验结束后，应测量恢复水位。

水位的量测，在同一试验中应采用同一方法和工具，测量时抽水孔的水位应精确至厘米，观测孔应精确至毫米。

抽水量可采用堰箱孔板流量计、量筒或水表进行测量，采用堰箱或孔板流量计时，水位测量读数达到毫米；用量筒测量时，量筒充满水的时间不宜大于 15s，用水表量测时，应读数值 0.1 m。

（3）水位观测及抽水延续时间要求

稳定流抽水试验时，抽水量和水位降深应根据工程性质、试验目的和要求确定。对于要求比较高的工程，应进行 3 个水位落程的抽水，最大的水位降深应接近工程设计的水位标高，其余 2 次下降值可控制在最大下降值的 1/3 和 2/3；对于一般工程的简易抽水试验，可进行 1~2 个落程的抽水。

抽水试验的稳定标准，应符合在抽水稳定延续时间内，抽水孔涌水量与时间和动水位与时间的关系曲线只在一定范围内波动，且没有持续上升或下降趋势。稳定延续时间长短取决于含水层类型、补给条件和试验目的等因素，一般情况下，卵砾石和粗砂含水层的稳定延续时间为 8 h，中砂、细砂和粉砂含水层为 16 h，基岩含水层为 24 h。

水位和水量的观测频率：稳定流抽水试验一般按 5 min，5 min，5 min，10 min，10 min，10 min，10 min，20 min，20 min，20 min，20 min 及 30 min 的间隔进行，以后每 30 min 观测一次；非稳定流抽水试验一般按 1 min，2 min，2 min，5 min，5 min，5 min，5 min，5 min，10 min，10 min，10 min，10 min，10 min，20 min，20 min，20 min，30 min 的间隔进行，以后每 30min 观测一次。

（4）渗透系数的计算

含水层的渗透系数可根据抽水试验类型（如井的完整程度、进水方式、含水层类型、水位与时间关系等），选择不同的公式进行计算。完整井稳定流抽水时的渗透系数可用 Dupuit 井流公式计算，其余试验条件下参数的计算公式可查阅有关资料。不同岩性含水层的渗透系数经验值见表 4-1。

表 4-1　渗透系数经验数值表

土类	渗透系数/（m/d）	土类	渗透系数/（m/d）
黏土	<0.05	中砂	5~20
粉质黏土	0.1~0.5	粗砂	20~50
粉土	0.05~0.1	砾石	100~500
黄土	0.25~0.05	漂砾石	20~150
粉砂	0.5~1.0	漂石	500~1 000
细砂	1~5		

（四）压水试验

压水试验是将水从地面上压入钻孔内，使其在一定的压力下渗入地层中，以求得地层的渗透系数。它适用于渗透性较差以及地下水距地表很深的坚硬及半坚硬岩层。压水试验应根据工程要求，结合工程地质测绘和钻探资料，确定试验孔位，按岩层的渗透特性划分试验段，按需要确定试验的起始压力、最大压力和压力级数，及时绘制压力与压入水量的关系曲线，计算试段的透水率，确定 p-Q 曲线的类型。

压水试验的方法是利用专门的活动栓塞隔绝在一定的钻孔区段内，施加不同的注水压力，向试验段的岩层内压水。

1. 压水试验分类

（1）按试验段可分为分段压水试验、综合压水试验和全孔压水试验。

（2）按压力点分为单点压水试验、三点压水试验和多点压水试验。

（3）按试验压力分为低压压水试验和高压压水试验。

（4）按加压方式分为水柱压水试验、自流式压水试验和机械法压水试验。

2. 压水试验的主要参数

（1）压入水量

压入水量是在某一个确定压力作用下，压力值呈稳定后，每隔 10 min 测读压入水量，压入水量呈稳定状态的流量。当控制某一设计压力连续四次读数的最大值与最小值之差小于最终值的 5% 时，为本级压力的最终压入水量。若进行简易压水试验，其稳定标准可放宽至最大值与最小值之差小于最终值的 10%。

（2）压力阶段和压力值

压水试验的总压力是指用于试验段的实际平均压力，其单位习惯上均以水柱高度 m 计算，其水柱高度由地下水位算起。应按工程需要确定试验的最大压力值和压力施加的分级数及起始压力。

（3）试验段长度

试验段长度可根据地层的单层厚度、裂隙发育程度等因素确定，一般为 5~10 m。如果岩芯完整，可适当加长试验段，但不宜大于 10 m，可利用专门的活动栓塞分段隔离。

3. 压水试验成果

由压水试验可计算试验深度段或试验深度范围内地层的单位吸水量（w）和渗透系数（k）。单位吸水量是试验深度段地层每分钟的压入水量与试验段长度和试验压力的乘积之比。

五、孔隙水压力测定

孔隙水压力对土体变形和稳定性有很大影响，在饱和地基土层中进行地基处理和基础施工时，需要测量孔隙水压力值及其变化。

（一）测量方法及适用条件

孔隙水压力测量方法视仪器类型不同而有所区别，各类测压计适用条件、性能、测量精度、灵敏度、量程、对测试环境要求等各不相同，应根据工程测试目的、土层渗透性和测试期长短等条件，选择合适类型仪器和方法。各类仪器测定方法和适用条件如表 4-2 所示。在我国，电测式测压计和数字式钢弦频率接收仪使用较普遍。

表 4-2　孔隙水压力测定方法和适用条件

仪器类型	适用条件	测定方法	优缺点
立管式测压计（敞开式）	孔压静力触探仪均匀孔隙含水层	将带有过滤器的测压管打入土层，直接在管内测量	安装简便，过滤器容易堵，反应时间慢
水压式测压计（液压式）	渗透系数低的土层，量测由潮汐涨落、挖方引起的压力变化	用装在孔壁的小型测压计探头，地下水压力通过塑料管传导至水银压力计测定	反应快，测定装置埋于土中，施工时容易损坏
电测式测压计（电阻应变式、振弦式测压计）	各种土层	孔压通过透水石传导膜片，引起挠度变化，用接收仪测定	性能稳定，灵敏度高，安装技术要求高，电阻片不能保持长期稳定性

仪器类型	适用条件	测定方法	优缺点
气动测压计（气压式）	各种土层	利用两根排气管使压水元件中的水压阀产生压差测定	安装方便反应快,透水探头不能排气,不能测渗透性
孔压静力触探仪	各种土层	在探头上装有多孔透过滤器压力传感器。在贯入过程中测定	操作简便,可测超孔隙水压力及锥尖阻力

第四节　地下水作用及评价

在岩土工程勘察、设计、施工及监测过程中,应充分考虑地下水对各类岩土工程的影响及作用。在进行岩土工程勘察时,不仅要查明地下水赋存条件和天然状态,还要对地下水对各类岩土工程的作用进行分析评价和预测,并提出预防措施的建议。

一、地下水的作用

地下水对岩土体和建筑物的作用,按其机制可以划分为两类:一类是力学作用;另一类是物理和化学作用。地下水的力学作用包括浮托作用、渗流作用（潜蚀、流沙、管涌和流土等）、地面沉降与回弹作用、动水压力作用和砂土液化等。物理和化学作用包括地下水对混凝土、金属材料的腐蚀作用,地下水对岩土的软化、崩解、湿陷、胀缩、潜蚀和冻融作用等。

二、地下水作用的评价内容

地下水作用的评价包括定量评价和定性评价,力学作用一般是能定量计算的,通过测定有关参数和建立力学模型,用解析法或数值法给出满足工程要求的评价结果。复杂的力学作用,可以简化计算,得到满足工程要求的定量或半定量评价结果。物理和化学作用由于岩土特性的复杂性,通常是难以定量评价的,但可以通过分析给出定性的评价。

（一）地下水力学作用的评价内容

1.对基础、地下结构物和挡土墙,应考虑在最不利组合情况下,地下水对结构物的上浮作用;对节理不发育的岩石和黏土具有地方经验或实测数据时,可根据经验确定;有渗流时,通过渗流计算分析评价地下水的水头和作用。

2.验算边坡稳定时,应考虑地下水对边坡稳定的不利影响。

3.在地下水位下降的影响范围内,应考虑地面沉降及其对工程的影响,当地下水位回升时，应考虑可能引起的回弹和附加的浮托力。

4. 当墙背填土为粉砂、粉土或黏性土，验算支挡结构物的稳定时，应根据不同排水条件评价静水压力、动水压力对支挡结构物的作用。

5. 因水头压力差而产生自下向上的渗流时，应评价产生潜蚀、流土、管涌的可能性。

6. 在地下水位以下开挖基坑或地下工程时，应根据岩土的渗透性、地下水补给条件，分析评价降水或隔水措施的可行性及其对基坑稳定和邻近工程的影响。

（二）地下水的物理和化学作用的评价内容

1. 对地下水位以下的工程结构，应评价地下水对混凝土、金属材料的腐蚀性。

2. 对软质岩石、强风化岩石、残积土、湿陷性土、膨胀岩土和盐渍岩土，应评价地下水的聚集和散失所产生的软化、崩解、湿陷、胀缩和潜蚀等有害作用。

3. 在冻土地区，应评价地下水对土的冻胀和融陷的影响。

三、地下水浮托作用评价

地下水对水位以下的岩土体有静水压力的作用，并产生浮托力。在透水性较好的土层中或节理发育的岩石地基中，浮托力可以用阿基米德原理进行计算，即当岩土体的节理裂隙或孔隙中的水与岩土体外界地下水相通时，岩石体积部分或土体积部分的浮力即为浮托力。

建筑物位于粉土、砂土、碎石土和节理发育的岩石地基时，按设计水位的100%计算浮托力；当建筑物位于节理不发育的岩石地基时，按设计水位的50%计算浮托力；当建筑物位于透水性很差的黏性土地基时，很难确定地下水的浮托作用及浮托力，此时，可根据当地经验确定。

地下水的存在，特别是当地下水在水头差作用下发生渗流时，对边坡稳定可能构成威胁。

在这种情况下，应考虑水对地下水位以下岩土体的浮托作用，在土坡稳定验算时，地下水位以下岩土体的重度应用浮重度。

根据《建筑地基基础设计规范》(GB50007—2011)，在确定地基承载力的设计值时，无论是基础底面以下土的天然重度还是基础底面以下土的加权平均重度，在地下水位以下部分均取有效重度。

四、地下水的潜蚀作用

潜蚀作用分机械潜蚀作用和化学潜蚀作用两种。

机械潜蚀作用是指地下水渗流时所产生的动水压力，使土粒受到冲刷，将土中的细颗粒带走，从而使土的结构发生破坏。

化学潜蚀作用是指地下水溶解土中的易溶盐成分，使土颗粒的胶结及结构受到破坏，降低了土粒间的结合力。

机械潜蚀和化学潜蚀一般是同时进行的，潜蚀作用降低岩土地基土强度，甚至在地下形成洞穴，以致产生地表塌陷，影响建筑物的稳定。

容易发生潜蚀作用的条件如下：

1. 土的不均匀系数 d60/d10 越大，越容易发生潜蚀，一般当 d60/d10>10 时，易发生潜蚀。

2. 上下两层土的渗透系数之比 k1/k2>2 时，易发生潜蚀。

五、渗流作用评价

基坑工程一般位于地下水水位以下，地下水问题比较突出。地下水对基坑工程的影响包括：恶化基坑开挖和施工条件。地下水流入基坑，不仅严重影响开挖和施工质量和效率，同时坑内排水会造成基坑周围地面沉降、变形，导致周围建筑物下沉、变形、开裂甚至倾斜破坏；易发生突涌、流沙、管涌等不良现象。在砂性土层中开挖基坑，由于坑内外会产生水头差，地下水向坑内渗流，容易出现流沙、管涌和基坑突涌等不良现象，威胁基坑工程及周围建筑物的安全；软化基坑周围土质，降低基坑周围岩土体的强度，易造成坑壁变形、坑坡失稳、坍塌甚至整体滑移等事故；增大支护结构上的压力。

1. 基坑突涌

当基坑之下存在有承压水时，开挖基坑减小了承压含水层上覆的隔水层厚度，当它减小到一定程度时，隔水层厚度不能继续承受承压水的水头压力，承压水在承压水头压力作用下冲破隔水层，涌入基坑，发生突涌。

在减压井降水过程中，可对孔隙水压力进行监测，要求承压含水层顶板的孔隙水压力应小于总应力的 70%。当基坑开挖面很窄时，此条件可以放宽些，因为土的抗剪强度对抵抗基坑底鼓能起到一定作用。

2. 管涌

当基坑底面以下或周围的土层为结构疏松的砂土层时，地基土在具有一定渗流水流的作用下，其细小颗粒被水冲走，土中的孔隙增大，慢慢形成一种能穿越地基的细管状渗流通路，起到掏空地基的作用，使地基或坝体变形、失稳，此现象即为管涌。

管涌多发生在颗粒大小不均匀且渗透性较好的砂性土中，易发生管涌的几种情形是：

（1）土中粗、细颗粒粒径比 D/d>10。

（2）土的不均匀系数 d60/d10>10。

（3）两种互相接触土层渗透系数之比 k1/k2>2。

（4）地下水渗流水力坡度大于土的临界水力坡度。

3.流沙

流沙是指松散细砂、粉砂和粉土被水饱和后产生流动的现象，它多发生在深基坑开挖工程中，不仅给施工造成困难，而且会破坏岩土强度，使基坑坍塌，危及邻近建筑物的安全。由于它的发生多是突发性的，对工程的危害极大。易发生流沙的条件如下：

（1）粉细砂或粉土的孔隙度越大，越易发生流沙。

（2）粉细砂或粉土渗透系数越小，排水性能越差，越易形成流沙。上海地区根据钻孔资料和土工试验分析，并和常易发生流沙地区的工程实践相验证，总结出了上海地区流沙现象的发生和分布规律，其他地区可以借鉴。

发生流沙的条件是：

（1）地层中粉土或粉细砂土层厚度大于 25 cm。

（2）土的不均匀系数 d0/d10<5。

（3）土的含水量大于 30%。

（4）土的孔隙度大于 43%。

六、水和土的腐蚀性作用评价

场地下的地下水和土及地表水中的某些化学成分对混凝土、钢筋等建筑材料有侵蚀性和腐蚀性，如果建筑物地基长期处在具有侵蚀性的地下水环境中，势必会受到破坏，危害非常大，因此，岩土工程勘察工作中，除非有足够经验或充分材料，能够认定工程场地及其附近的土或水（地下水或地表水）对建筑材料没有腐蚀性可以不进行水土腐蚀性评价外，一般均应取土样或水样进行水质或土质分析，进行腐蚀性分析评价。如《北京地区建筑地基基础勘察设计规范》（DBJ-01-501-92）规定："一般情况下，可不考虑地下水的腐蚀性，但对有环境水污染的地区，应查明地下水对混凝土的腐蚀性。"《上海地基基础设计规范》（DBJ 08-11-89）规定："上海市地下水对混凝土一般无侵蚀性，在地下水有可能受环境水污染的地段，勘察时应取水样化验，判定其有无侵蚀性。"

土对钢结构腐蚀性的评价可根据任务要求进行。

（一）取样要求

1.混凝土处于地下水位以下时，应采取地下水试样和地下水位以上的土样，并分别做腐蚀性试验。

2.混凝土处于地下水位以上时，应采取土试样做土的腐蚀性试验；实际工作中应注意地下水位的季节变化幅度，当地下水位上升，可能浸没构筑物时，仍应采取水样进行水的腐蚀性试验。

3.混凝土或钢结构处于地表水中时，应采取地表水试样做水的腐蚀性试验。

4.水和土的取样应在混凝土结构所在的深度采取，数量每个场地不应少于2件，对建筑群不宜少于3件。当土中盐类成分和含量分布不均匀时，应分区、分层取样，每区、每层不应少于2件。

（二）水、土腐蚀性分析

1.水对混凝土结构腐蚀性的测试项目包括：pH值，Ca^{2+}、Mg^{2+}、Cl^- 侵蚀性，CO_2 总矿化度。

2.土对混凝土结构腐蚀性的测试项目包括：pH值、Ca^{2+}、Mg^{2+}、Cl^-、HCO_3 的易溶盐（土水比1：5）分析。

3.土对钢结构的腐蚀性的测试项目包括：pH值、氧化还原电位、极化电流密度、电阻率、质量损失。

（三）水、土的腐蚀性评价

1.水的侵蚀作用

大量的试验证明，水对混凝土的侵蚀破坏是通过分解性侵蚀、结晶性侵蚀和结晶分解复合性侵蚀作用进行的。

分解性侵蚀是指酸性水溶滤氢氧化钙以及侵蚀性碳酸溶滤碳酸钙使水泥分解破坏的作用，分为一般酸性侵蚀和碳酸侵蚀。一般酸性侵蚀就是水中的氢离子与氢氧化钙起反应使混凝土溶滤破坏，水的pH值越低，对混凝土的侵蚀性就越强。碳酸侵蚀是混凝土中石灰在水和水中 CO_2 的作用下，形成重碳酸钙，使混凝土破坏。

结晶性侵蚀是含硫酸盐的水与水泥发生反应，在混凝土的孔洞中形成石膏和硫酸铝盐晶体。这些新化合物的体积增大，混凝土受结晶膨胀作用影响，力学强度降低，以致破坏。

水和土对建筑材料的腐蚀性，可分为微、弱、中、强四个等级。

水和土对混凝土结构的腐蚀性受气候环境与地层渗透性的影响，因此，需要按环境类型和地层渗透性评价水对混凝土结构的腐蚀性。按环境类型评价时，评价因子包括硫酸盐、镁盐、铵盐、苛性碱含量和总矿化度，并考虑场地环境类型的影响。按地层渗透性评价时，评价因子主要是pH值侵蚀性 CO_2 和 HCO_3，并考虑地层渗透性影响。评价时，取任一指标满足的最高腐蚀等级作为综合评价结果。

干湿交替是指地下水位变化和毛细水升降时，建筑材料的干湿变化情况。干湿交替和气候区与腐蚀性的关系十分密切。相同浓度的盐类，在干旱区可能是强腐蚀，而在湿润区可能是弱腐蚀或无腐蚀性。水或潮湿的土中的某些盐类，通过毛细上升浸入混凝土的毛细孔中，经过干湿交替作用，盐溶液在毛细孔中被浓缩至近饱和状态，当温度下降时，析出盐的结晶，晶体膨胀使混凝土遭受腐蚀破坏；温度回升，水汽增加时，结晶会潮解，当温度再次下降时，再次结晶，腐蚀进一步加深。冻融交替也是影响腐蚀的重要因素，如盐的浓度相同，在不冻区因达不到饱和状态不会析出结晶，而在冰冻区，由于气温低，盐分易析出结晶，从而破坏混凝土。

因此，在无干湿交替作用评价土的腐蚀性时，应乘以一定的比例系数。其中：对于Ⅰ、Ⅱ类腐蚀环境无干湿交替作用时，表中硫酸盐含量数值应乘以 1.3 的系数；对土的腐蚀性评价，应乘以 1.5 的系数。

2. 水和土对钢筋混凝土结构中钢筋的腐蚀性评价

水和土对钢筋混凝土结构中钢筋的腐蚀性主要取决于 pH 值、Cl 离子，此外，还要考虑水的交替作用。这是因为，钢筋如果长期浸泡于水中，由于缺少氧的作用，不容易被腐蚀；相反，如果钢筋处于干湿交替的环境中，由于氧的作用，钢筋容易被腐蚀。

3. 水和土对钢结构（含钢管道）的腐蚀性评价

评价水和土对钢结构的腐蚀性时要注意，当土或水中含有铁细菌、硫酸盐还原细菌、硫氧化细菌等细菌时，会加快对钢铁材料的腐蚀速度，对埋置于地下的钢铁构筑物或管道危害极大。因此，如果发现水的沉淀物中有铁的褐色絮状沉淀、悬浮物中有褐色生物膜、绿色丛块或有硫化氢臭味等现象时，还应做细菌分析，分析水中有无铁细菌、硫酸盐还原细菌。

（四）防护措施

水、土对钢结构的防护措施。在钢结构的表面应用涂料层与腐蚀介质隔离的方法进行防护，或者采用以镁合金或铝合金为牺牲阳极的阴极保护法，或外加电流以石墨为辅助阳极的阴极保护法。

第五节　地下水监测

一、需要进行地下水监测的情况

遇下列情况时，应进行地下水监测：

1. 地下水位升降影响岩土稳定时。

2. 地下水位上升产生浮托力对地下室或地下构筑物的防潮、防水或稳定性产生较大影响时。

3. 施工降水对拟建工程或相邻工程有较大影响时。

4.施工或环境条件改变，造成的孔隙水压力、地下水压力变化，对工程设计或施工有较大影响时。

5.地下水位的下降造成区域性地面沉降时。

6.地下水位升降可能使岩土产生软化、湿陷、胀缩时。

7.需要进行污染物运移对环境影响的评价时。

二、地下水监测的基本要求

监测工作的布置，应根据监测目的、场地条件、工程要求和水文地质条件确定。地下水监测方法应符合下列规定：

1.地下水位的监测，可设置专门的地下水位观测孔或利用水井、地下水天然露头进行。

2.孔隙水压力的监测，应特别注意设备的埋设和保护，可采用孔隙水压力计、测压计进行。

3.用化学分析法监测水质时，采样次数每年不应少于4次（每季至少1次），进行相关项目的分析。

4.动态监测时间不应少于一个水文年。

5.当孔隙水压力变化可能影响工程安全时，应在孔隙水压力降至安全值后方可停止监测。

6.对受地下水浮托力的工程，地下水压力监测应进行至工程荷载大于浮托力后方可停止监测。

第五章　内支撑深基坑土方开挖施工新技术

第一节　多层内支撑深基坑抓斗垂直出土施工技术

随着我国城市经济建设的高速发展，高层和超高层建（构）筑物正在大批兴建，在工程设计方面为满足地下空间的开发利用，一般都要设置多层地下室，如建筑物的深大基坑、大型城市地下综合体、地铁出入口等，其开挖深度一般都在20m以上，有的超过30m。为满足超大、超深基坑开挖安全稳定性要求，设计上一般常采用"桩（或地下连续墙）十多层内支撑"的支护形式。

设有3道及以上小间距封闭内支撑，开挖深度超过20m及以上的深基坑工程，目前基坑土方一般采用坡道出土和不设坡道出土两种方式。这两种方式在施工工艺上都存在出土速度较慢、出土范围受限、倒土时间长、施工成本高等施工难题。对于小间距多层内支撑的深基坑，如何解决基坑土方开挖困难，急需在施工工艺、机械设备、技术措施等方面寻找突破口。

近年来，深圳福田人民医院后期建设工程、国信金融大厦等土石方及基坑支护工程等项目施工，其基坑支护形式均为3~5层内支撑，且基坑开挖深度大，基坑土方开挖难度大。如何制订可行、快捷、安全、经济的基坑土方开挖方法，成为面临解决的技术问题。因此，结合实际工程项目实践，经过反复研讨，总结出了"小间距多层内支撑深基坑垂直出土施工工法"，即采用钢丝绳抓斗垂直抓取基坑土方，达到快捷、安全、经济的效果，形成了相应的施工新技术。

一、工艺原理

钢丝绳抓斗是吊钩与双索抓斗两用的全回转式动臂起重机械，钢丝绳抓斗外接交流电源380V、50Hz，由三台电机分别驱动、提升、回转、变幅机构进行动作来实现载荷的自由升、降、回转、变幅等动作。如卸去底盘，可将回转支承直接安装完成作业。其机械设计具有结构合理、效率高、安全可靠、操作方便、维修方便、成本低、能源消耗低、稳定性好、噪声低、无污染等优点，一般多用于港口、码头、仓库、货场等处的货物搬运、转场等。我们正是利用钢丝绳抓斗机的上述特点，将其应用于建（构）筑物深基坑土方垂直开挖中，大大拓宽了该机械设备的使用范围，取得了良好的效果。

1. 钢丝绳抓斗主机控制抓斗垂直吊运原理

钢丝绳抓斗机主机起重臂上部端装有由定位滑轮与吊钩组成的起升滑轮组，电动机旋转经联轴节带动减速箱高速轴，经减速后由低速轴输出，通过联轴节带动卷扬筒旋转，由钢丝绳经起升滑轮组带动抓斗运动而实现抓斗内物体的升降。

本工艺采用无锡市港口建筑机械有限公司生产的 DLQ8 型电动轮胎式起重机，配置双索钢丝绳抓斗使用。

（1）主机部分设计参数

钢丝绳抓斗机械由吊臂、转台、回转支承、操纵室、起升机构、变幅机构、回转机构、制动及电器控制系统组成。DLQ8 型额定最大起吊重量为 8000kg，起重臂与水平夹角在 40°~75° 范围内，钢丝绳长度 60m，开挖深度最大 30m，工作时抓斗与基坑壁水平距离 5m。起重臂起升高度在支承面以上可达到 12m，支承面以下可达 6m。选择好停放点后起重机的液压支腿打开以固定起重机。行走时液压支腿收起，使用轮胎行走。

（2）抓斗部分设计参数

本工艺起重机配置双索钢丝绳，配置六瓣颚瓣，抓斗容量为 1.2m³，实际抓取土方每斗容积平均约为 0.6m³。抓斗结构由四部分组成：头部、横梁、拉杆、斗部。

钢丝绳出厂配置 60m，最大开挖深度 30m，考虑钢丝绳与抓斗及滑轮组接触部位的磨损，钢丝绳从抓斗连接处上方 10m 左右设置活动式接头，便于定期检修、更换钢丝绳。同时通过更换钢丝绳长度，可调节基坑开挖深度，钢丝绳最长可配置 70m，最大开挖深度达 35m。

2. 钢丝绳抓斗取土、卸土原理

本工法采用的是双索钢丝绳，根据使用功能，钢丝绳分为支持钢丝绳和开闭钢丝绳。工作开始时，支持钢丝绳将抓斗起吊在适当位置上，然后放下开闭钢丝绳，这时靠下横梁的自重迫使抓斗以下横梁大轴为中心将斗部打开，当斗部开至两耳板的碰块相撞时，即斗部打开到最大极限。开斗时，上横梁滑轮和下横梁滑轮中心距加大，然后支持钢丝绳落下，将已打开的抓斗落在要抓取的土方上，再收绕开闭钢丝绳，将上横梁滑轮与下横梁滑轮的中心距恢复到原来的位置，这样就完成了抓取过程。抓斗闭合时不受开闭钢丝绳方向上的拉力，自重全部起挖掘作用，因而抓取能力大。闭合的斗部里装满土方后，提升开闭钢丝绳，整个抓斗亦被吊起，经机身起重臂旋转将抓斗移动至基坑顶卸土点，放下开闭钢丝绳，开斗卸下所抓取的土方。

3. 钢丝绳抓斗机对基坑顶附加荷载及处理

DLQ8 型钢丝绳抓斗工作时总重量约 30.0t，其中抓斗总重约 1.4t。基坑顶荷载设计允许值一般为 20kPa。

（1）轮胎移动时工况：当机身使用轮胎行走时，轮胎中心线间距为 5.6m×2.9m，行走时对基坑顶的均布荷载为 $30×10kN/(5.6m×2.9m)=18.5kPa$。

（2）抓斗机工作时工况：工作停放时将四个液压支腿打开，支腿间距为 5.0m×5.0m，在基坑边停放时对基坑顶的均布荷载为 $30×10kN/(5.0m×5.0m)=12.0kPa$。

通过上述钢丝绳抓斗机对基坑顶附加荷载的验算表明，无论机械是在正常行走或是工作停放，各工况对基坑周围地面荷载值均未超过设计允许值 20kPa。

为了进一步减小抓斗工作时对基坑顶附加荷载，我们要求在基坑顶进行垂直开挖前预先浇筑混凝土，在基坑顶铺设不小于 6.0m×6.0m、强度等级 C30、层厚 300mm 的混凝土硬地，使得工作时抓斗机的附加荷载仅为 8kPa，以保证基坑顶的荷载控制在安全范围内。

二、工艺特点

1. 移动式便利安排，多点多机多处机动布置

（1）抓斗起重机采用轮胎拖动行走，移动方便，可沿基坑周边合理布置，可以实现不固定位置、开挖范围大，可减少基坑底土方二次转运量；同时，根据基坑边场地情况及进度要求，可沿基坑边动态式地增加或减少机械数量，机械调动灵活、快捷、简便，可满足基坑全断面开挖需求，保证基坑底全面积合理安排施工。

（2）除直接设置在基坑边外，钢丝绳抓斗还可在支撑梁、板上架设，可满足特定条件下的基坑土方开挖要求，充分显示出钢丝绳抓斗的多用性、机动性，能实现多点、多机、大范围抓土，减少基坑内土方的二次转运。

2. 可在基坑顶狭窄空间作业

基坑南侧临时办公用房与基坑开挖边线距离仅为 7m，仍可在办公用房段布置钢丝绳抓斗机作业进行垂直开挖，采用挖掘机直接装土，必要时配合装载机转土。

3. 机械设备配置简单，现场管理简化

钢丝绳抓斗工作时，基坑底设置 1~2 台挖掘机挖土、转土；基坑顶可采用抓斗机直接卸土至泥头车内，或配备一台挖掘机装车外运。总体机械配置简单，现场管理简化。

4. 出土速度快

采用双索钢丝绳抓斗全回式动臂起重机垂直挖土，在基坑开挖深度 20m 左右范围内，抓斗平均约 1 分钟内完成一次抓土、卸土，每次抓取实际土方量约 0.5~0.7 立方米，单机每天正常施工可完成 500~600 立方米土方开挖。此工法施工效率是单一采用长臂

挖掘机工艺的 1.5 倍。

5. 操作安全可靠

（1）钢丝绳抓斗安装位置预先进行硬底化处理，并铺设混凝土垫层。

（2）钢丝绳抓斗安装时，施展四个液压支腿将机械固定；对于场地条件较差时，可以铺设钢轨，采用千斤顶与钢轨支承，将钢丝绳抓斗的重量合理分布于基坑顶范围内，大大减少支护设计对基坑顶的荷载要求，满足施工条件。

（3）在工作时，专门设置有安全缆绳与抓斗连接，以控制抓斗的运行方向和位置，保证抓斗处于受控状态。

（4）抓斗工作时，其每次抓土量仅约为核定额的 80%，其重量负荷远远小于设备的设计能力，可确保其运行稳定、安全可靠。

6. 施工成本低

（1）施工过程中主要以抓斗伸入基坑内取土为主，基坑内土方转运无须大量使用挖掘机，机械使用量少。

（2）起重机使用电力驱动，施工功率为 45kW，施工成本低。

（3）在第二道混凝土支撑封闭后，无须反复修筑出土坡道及对坡道加固处理，降低了综合施工成本。施工成本与长臂挖掘机设置出土平台配合挖掘机挖土施工相比，综合成本大大压缩。

7. 节能环保

（1）抓斗起重机采用电力驱动，绿色节能无污染。

（2）采用垂直开挖，避免泥头车驶进施工场地内，大大降低了施工噪声，实现了环保施工。

三、适用范围

1. 适用地层

适用于各类土层开挖，如人工填土、粉质黏土、砾质黏性土、淤泥质土、淤泥、粉细砂、中粗砂，以及全风化花岗岩、强风化花岗岩的地层土方抓取施工。

2. 适用范围

适用于开挖深度超过 22m 及以上的基坑，最大开挖深度可达 35m；适用于设有 3 道及以上的封闭内支撑的基坑；基坑顶处最小水平距离为 7m 时可采用；可于基坑顶一侧或基坑内支撑板上使用；可用于深基坑坡道收坡土方垂直开挖；对于含水量大的地层，基坑开挖前应进行降水疏通。

四、施工工艺流程

混凝土支撑支护的深基坑土方采用抓斗起重机垂直开挖施工工艺流程见图5-1。

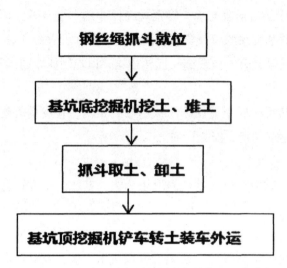

图5-1 抓斗起重机垂直开挖施工工艺流程图

1. 钢丝绳抓斗就位

（1）机械安装、调试：钢丝绳抓斗机进场后先在基坑顶安装、调试，安装验收合格后就位于基坑顶一侧。

（2）基坑顶地面硬化：垂直开挖前对基坑顶地面预先浇筑混凝土，铺设不小于6.0m×6.0m、强度等级C30、层厚300mm的混凝土，使基坑顶硬地化，以保证基坑顶的荷载控制在安全范围内。

（3）钢丝绳抓斗安装位置距离基坑边的距离可根据现场情况确定，一般为1.0~2.0m。

（4）钢丝绳抓斗安装时，施展四个液压支腿将机身固定；对于场地条件较差时，可以铺设钢轨，采用千斤顶与钢轨支承，将钢丝绳抓斗的重量合理分布于基坑顶范围，大大减少支护设计对基坑顶的荷载要求，满足施工条件。

（5）钢丝绳抓摆放点区域选择钢丝绳垂直吊运下方无支撑梁位置，以便于抓斗在垂直吊运时不碰到支撑梁。

（6）基坑边设置安全护栏及安全网，必要时可以采取安全拉结措施，防止起重机侧翻。

（7）钢丝绳抓斗就位后，将其四个液压支腿固定，保证工作时机身的稳定性。

2. 基坑底挖掘机铲土、堆土

（1）基坑底设置挖掘机挖土，基坑底开挖根据开挖深度和支撑施工位置，进行纵向分段、水平分层开挖。

（2）当基坑挖土面积较大时，可设置一台挖掘机进行挖土，另一台挖掘机倒土至基坑一侧堆放，便于抓斗垂直取土。

3. 抓斗取土、卸土

（1）钢丝绳抓斗进行基坑土方开挖时，起重机回转至基坑边，通过开闭钢丝绳来打开抓斗垂直下放至基坑底，收拢开闭钢丝绳，将已抓取土方的抓斗闭合，提升支持钢丝绳，整个抓斗被吊起，垂直运输至基坑顶时，机身起重臂及抓斗回转至卸土点，放下开闭钢丝绳，抓斗开斗卸下所抓取的土方；然后起重臂及抓斗再次回转至基坑边，开始下一次取土。

（2）钢丝绳抓斗与起重臂连接的安全缆绳可控制抓斗在升降及回转过程中不随意幅度旋转，并利用安全缆绳收放调节抓斗与基坑边的距离，以调整抓斗抓土及卸土范围。

4. 挖掘机、铲车转运土方装车

（1）基坑顶配置一台挖掘机，将抓斗卸下的土方及时转运至驶进基坑边的泥头车内，也可采用抓斗直接卸土至泥头车内外运，泥头车每车装土方量约 10m'，严禁超高超载。

（2）车辆驶出施工现场时注意清洗，防止渣土污染路面。

（3）在场地较狭窄段，当挖掘机装土困难时，可采用轮式装载机配合转运土方。

五、质量控制

1. 土方开挖前检查基坑定位放线，合理安排土方运输车的行走路线及弃土场。

2. 在基坑土方开挖前，做好地面排水和降水，加强基坑变形、地下水位下降监测。

3. 土方施工过程中，定期测量和校核基坑平面位置、水平标高，平面控制桩和水准控制点应采取可靠的保护措施，定期复查。

4. 在各道支撑区域内的土方开挖过程中，开挖后随即进行施工内支撑。开挖纵向放坡，开挖坡度不小于 1：2.5，层间设台阶，开挖时坡度应根据每层土体的性质及稳定性状况进行调整，满足挖掘机在其上稳定行走及土方倒运。

5. 每次土方开挖严格控制开挖深度，进行分层、分段、对称开挖；基坑底 30cm 范围内土方采用人工开挖，严禁超挖土体。

6. 土方开挖施工中，严防边壁出现超挖或边壁土体松动；机械开挖将与人工清底相结合，保证基坑底平整、标高符合要求、表面无虚土。

六、安全措施

1. 本工法需利用起重机钢丝绳垂直吊运抓斗取土，由于起重机重量大，因此，施工前应对基坑顶钢丝绳抓斗安装位置预先进行硬地化处理,并铺设混凝土垫层等加固处理;当地层较差时,可考虑铺设钢轨就位,以减小对基坑顶的负荷。

2. 钢丝绳抓斗机械工作基坑周边,经常有人临边作业,基坑周边应安全封闭,设置安全护栏,护栏高度1.2m,护栏设安全标识,夜间设置红色警示灯。

3. 检查起重机、钢丝绳、抓斗等各部分性能状况,确保正常操作使用;在吊装过程中,设专门司索工进行吊装指挥,作业半径内人员全部撤离作业现场。

4. 钢丝绳抓斗使用前,按规定要求安装,液压系统工作正常,支承点稳固;支承底应混凝土硬地化处理,并计算机械临边作业时的工作荷载,保证满足基坑设计对附加荷载的使用要求;机械安装调试完成后,须经检查验收,合格后才可投入现场使用。

5. 施工过程中,对基坑周边附近的市政、自来水、电力、通信等各种地下管线进行定期监测,并制定保护措施和应急预案,确保管线设施的安全。

6. 施工过程中,涉及较多的特殊工种,包括:吊车、泥头车、挖掘机司机及司索工等,必须严格做到经培训后持证上岗,施工前做好安全交底,并持证作业,定机定人操作。挖掘机要有合格证,操作员持证上岗,泥头车有两牌两证,并登记备案;施工过程中做好安全检查,按操作规程施工,保证施工处于受控状态。

7. 钢丝绳抓斗其平面布置、回转范围内应无任何其他影响物,其施工时应不影响基坑支护安全要求;为确保起重机的稳定性均衡起重机配重,设置安全拉结装置固定起重机,防止起重机发生倾覆。

8. 进场的挖掘机、起重机、泥头车必须进行严格的安全检查,机械出厂合格证及年检报告齐全,保证机械设备完好;对抓斗使用的钢丝绳定期进行检查,发生断股或损坏时及时更换。

9. 机械施工区域禁止无关人员进入场地内,挖掘机及起重机工作回转半径范围内在基坑顶、基坑底不得站人或进行其他作业,以防抓斗内松土或块土坠落伤人。

10. 挖掘机操作和泥头车装土行驶要听从现场指挥,所有车辆必须严格按规定的行驶路线行驶,防止撞车。

11. 夜间作业,机上及工作地点必须有充足的照明设施,在混凝土支撑底部及立柱桩周边粘贴反光条;在危险地段应设置明显的警示标志和护栏,主要通道不留盲点。

12. 施工期间,遇大雨、6级以上大风等恶劣天气,停止现场作业,大风天气将吊车、抓斗、旋挖机机械桅杆放水平。

13. 土方采用抓斗垂直抓出基坑后卸至基坑边,土方堆积高度不得超过设计要求,基坑周围地面附加荷载不得超过20kPa。

14. 抓斗在提升过程中,会出现所抓土的遗漏,下落的土会掉落在支撑梁上,当抓斗所处位置附近支撑梁上堆积泥土较多时,应及时派人清除,以免支撑梁受荷过重影响基坑支护安全。

15. 钢丝绳抓斗使用电力驱动，现场派专职电工负责用电管理，专门单独设置电箱，电缆架设符合作业要求，做好现场漏电保护工作。

16. 基坑开挖期间，设专职安全员检查基坑稳定，发现问题及时上报有关施工负责人员，便于及时处理；在施工中如发现局部位移较大，须立即停止开挖，做好加固处理，待稳定后继续开挖；如施工过程中发现水量过大，需及时增设井点处理。

17. 暴雨天气期间加强基坑监测，发现问题及时汇报各参建单位，会同设计单位做好应急处理。

18. 基坑地下水位较高，开挖土体大多位于地下水位以下时，应采取合理的降水措施，降水时要注意观察基坑周边的建筑物、道路、管线有无变形，并及时汇报。

19. 当操作人员视线处于盲区时，基坑底、基坑顶设置专门人员指挥作业。

20. 钢丝绳抓斗停止工作时，将抓斗安置于专门区域内，防止意外倾倒伤人。

七、工程应用实例

1. 工程概况

国信金融大厦基坑支护、土石方及桩基工程，场地位于深圳市福田中心区，基坑边线2~3m东侧紧邻市政道路，基坑南侧外为繁忙的商业市政道路，通行车辆多；南侧围墙内场地修筑有五层临时办公楼，楼边与基坑顶距离仅约7m。西侧紧邻在建的中国人寿大厦工地，北侧为三个在建项目共用的临时通道。

本工程拟建建筑物高208m，框架剪力墙结构。基坑大致为矩形，设五层地下室，基坑东西向长约101.8m，南北向宽约50m，基坑周长约302.2m，面积约5149.0㎡，开挖深度23.05~24.9m，局部核心筒位置坑中坑开挖深度31.6m，土方开挖约122900m³，其中坑中坑土方约为2150m³。

2. 基坑支护设计情况

因本工程周边较近距离内有2条地铁隧道，为满足对地铁结构的保护要求，基坑支护采用"地下连续墙＋四层钢筋混凝土支撑"方案。本基坑支护地下连续墙共50幅，西侧墙厚1000mm共45幅，东侧墙厚为800mm共5幅，墙深超过30m。内支撑采用对撑、角撑结合方式，除基坑西侧邻近中国人寿大厦基坑处额外布置一道顶层支撑外，坑内从上至下布置四道支撑，支撑下间隔布置钢管混凝土立柱。

顶层支撑梁顶与第一道支撑梁底高差为4.2m，第一、二道支撑梁梁底之间高差为6.2m，第二、三道支撑梁梁底之间高差为5.0m；基坑西侧第三、四道支撑梁梁底之间高差为3.0m，基坑东侧第三、四道支撑梁梁底之间高差为4.5m。各层支撑之间间距逐渐减小。

3.场地工程地质条件

本工程场地原始地貌单元属新洲河与深圳河冲洪积阶地,分布的地层主要有人工填土层、第四系冲洪积层、残积层,下伏基岩为燕山晚期花岗岩。基坑开挖范围内各岩土层工程地质特征自上而下为:人工填土、粉质黏土、粉细砂、粗砾砂、砾质黏性土、强风化花岗岩。其中基坑土方开挖深度为23.9~24.9m范围内,地层开挖至全风化花岗岩层;基坑坑中坑土方开挖深度为26.9~31.6m范围内,地层开挖至强风化花岗岩层。

4.基坑土方开挖施工情况

本基坑场地狭窄、内支撑层数多且开挖深度大,基坑整体设置4道钢筋混凝土支撑,西侧因毗邻中国人寿大厦基坑而设5道支撑,开挖深度23.05~24.9m,局部坑中坑开挖深度31.6m。

2013年10月开始基坑第一层土方开挖,采用直接大面积开挖形式挖土。基坑第一层土方开挖深度为5.15m,土方量约为26517m',泥土车直接驶进场地内,挖掘机配合挖土后直接装车外运。

2013年12月开始第二层土方开挖,采用留置坡道分段开挖。基坑第二层土方开挖深度为6.20m,土方量约为31923m'。根据场地周边环境,前期出土口设置在北侧,并随着基坑下挖设置临时出土坡道。本层土方开挖采用在基坑内从自然地面至第二道支撑设置出土坡道,泥头车驶入基坑内装土外运。

2014年3月下旬开始第三层及以下各层土方开挖,采用基坑边设置抓斗式起重机垂直开挖,基坑顶、底配合挖掘机转运土方,大大提升了土方开挖进度,取得了显著成效。2014年8月中旬完成第三、四、五层土方开挖,90天内共完成64516.33m'。

第二节 多道环形支撑深基坑土方外运施工技术

在采用环形支撑支护的深基坑开挖施工中,当土方开挖采用修筑坡道出土时,下一道土方开挖前每一道支撑必须封闭才能保持基坑侧壁受力均匀,此时基坑出土坡道与支撑梁位置范围的土方需要挖除,在完成环形支撑封闭后,再回填坡道土方恢复坡道出土。深基坑开挖至下一道支撑梁施工时,随着基坑开挖加深,出土坡道处的土方开挖、回填量加大,势必造成基坑土方开挖重复工作、工程进度缓慢、综合费用高。

近年来,"深圳市福田区博今商务广场'B107-0009地块'一项目土石方、基坑支护、基础工程""深圳宝安信通金融大厦深基坑支护及土石方工程"及"深圳罗湖区国速世纪大厦深基坑支护、土石方及桩基础工程"等项目施工过程中,开展了"多道环形支撑深基坑土方外运出施工技术"研究,通过在第一、二道支撑梁和第二、三道支撑梁上设置临时钢结构出土柱板挡土结构，在第一、二道支撑梁处恢复坡道和第二、三道支撑梁多台阶出土时起挡土作用，形成了一套可行的出土柱板挡土结构新技术和工艺，制定了一系列的工艺流程、质量标准、操作规程，形成了相应施工新技术。

一、工程应用实例

1. 国速世纪大厦基坑支护及土方工程

拟建项目位于深圳市宝安南路与松园西街交汇处西北侧，为商住小区及附属商业裙楼，设 4 层地下室，基坑底绝对标高为 -7.00m，基坑开挖深度为 16.40m，基坑周长约 325m，面积约 5880 ㎡，土方外运方量约为 100000m³。

2. 本工程开挖深度较大，周边形势严峻，对变形敏感，且存在较厚的砂层，故支护采用"AB 型咬合桩 + 内支撑"，支护桩采用直径为 1.2m 的咬合桩，桩间距分别 1.8m 和 1.9m。本项目土方外运采用了"多道环形支撑梁深基坑土方外运施工技术"，开挖效果较好。

二、工艺原理

工艺原理及技术参数。本工艺原理主要通过在第一、二道支撑梁和第二、三道支撑内环梁上，分别竖向对应焊接骨架槽钢，再在其槽钢立面上满铺焊接薄钢板形成一个柱板整体挡土结构，在第一、二道支撑梁处恢复坡道和第二、三道支撑梁多台阶出土时起挡土作用，以大大减少坡道土方回填量。

1. 挡土结构技术参数或指标：梁间距一般为 5.5~6.5m，在每道环形支撑内预埋 $\Phi25$ 钢筋，间距 500mm；柱板竖向骨架槽钢型号为 28b~32b，间距 500mm，宽度 84~90mm，与预埋钢筋焊接固定，再在其立面上焊接薄钢板（厚 5mm），三者焊接形成一个整体，形成柱板挡土结构。

2. 出土坡道技术参数或指标：根据设计图纸结合环形支撑的数量，3 道环撑采用 2 次出土坡道。第 1 层（开挖第 2 层土方）垂直距离为 5m，水平距离不宜小于 35m，坡道纵向坡角控制在 8° 以内，两侧最大坡率 1：0.6；第 2 层（开挖第 3 层土方）垂直高度控制在 9m 左右，水平距离不宜小于 50m，坡道纵向坡角控制在不大于 10°，两侧最大坡率 1：0.8。

三、工艺特点

1. 柱板挡土结构加工快捷

本工艺采用的柱板挡土结构采用槽钢和钢板组成，其材料的类型、品种、材质、型号等根据设计人员对现场坡道柱板挡土结构的荷载进行一系列计算确定，挡土结构材料市场容易选购。另外，出土坡道柱板挡土结构采用"骨架槽钢"制作，表面满铺一层5mm薄钢板，将骨架槽钢固定在上、下层混凝土支撑梁上。这种柱板挡土结构工艺材料加工简单、施工快捷且安全可靠，大大提高了施工工效。

2. 钢材料可循环使用

环形支撑梁深基坑坡道柱板挡土结构所使用的材料（槽钢、钢板等）可以重复使用，一般可以使用三个及以上项目，大大节省了成本支出。

3. 坡道回填土方量减少，施工速度快

施工完成一道环形支撑后，立即恢复坡道出土，此时只需要回填柱板挡土结构处进入坑内的坡道土体，回填坡道土方工程量减少接近一半，加快了基坑土方开挖进度。

4. 综合成本低

本工艺所用的材料（Q345槽钢、薄钢板、钢筋等）目前市场上供应充足，购买便利，而且价格比较合理；同时，由于采用柱板挡土结构外运土方，每天出土的速度加快，日完成的土方量增加，压缩了基坑开挖进度，降低了综合施工成本。

四、适用范围

适用于三道环形支撑、基坑深度16~20m、环形支撑直径不小于60m的深基坑支护土方外运工程施工。

五、施工工艺流程

多道环形支撑深基坑土方外运出土施工工艺流程框图。

操作要点：

1. 施工准备、场地平整

（1）首先对场地进行一次全面的测量，主要包括场地控制性测量（红线及边线等）、场地现有标高、第一道支撑梁位置及标高等。

（2）将设备、材料等放置在安全、不影响下一步施工的位置。

（3）重点了解环形支撑深基坑土方外运柱板挡土结构设计图纸及做法要求。

2. 开挖并施工第一道支撑梁

（1）场地平整完成后，进行第一道支撑梁底标高复核，符合要求后施工第一道混凝土支撑梁施工。

（2）第一道支撑梁在浇筑混凝土的同时，选择好出土口，在环形支撑梁的上口处，约12m长的一段环形梁上预埋锚固筋，作为下一步坡道柱板转换结构固定用，锚固筋直径 25mm、长度 500mm、间距 500mm、外露部分长约 200mm，必须按照设计图纸进行施工。

（3）在环形支撑梁未封闭和混凝土强度未达到设计允许值之前，禁止重型车辆（如挖掘机、泥头车、推土机等）在其上行走和碾压，防止未闭合导致混凝土支撑梁变形、扭曲等，影响施工质量，导致安全事故的发生。

（4）支撑梁强度达到设计后，开挖施工第一层土方。

3. 先开挖第 2 层其他位置，最后挖除出土坡道，环撑闭合施工

（1）正常情况下，每一道支撑梁分 4 次施工，前 3 段施工完成后，开始挖除出土坡道土体。

（2）开挖第一层土方必须控制好坡度，坡角控制在 8° 以内，垂直距离为 5m，水平距离不宜小于 35m。

（3）坡道土方挖除以不影响支撑梁施工为前提，控制好剩余坡道土体的坡率比、坡高、坡长等参数。

（4）施工第二道支撑梁的同时，按照第一层支撑梁的位置，准确预埋第二层柱板挡土结构的锚固筋。

4. 制作、安装第一道挡土结构

（1）坡道柱板挡土结构设计参数

技术参数：柱板长为 5.5~6.0m、宽 12m，间距为 500mm。

（2）槽钢骨架焊接加工

将槽钢吊运至加工场地处，将槽钢置于马凳支架，保持在同一平面上，摆放 2 根槽钢后，根据坡道柱板挡土结构设计图纸，进行骨架槽钢的制作；每根槽钢骨架焊接完成后进行自检，合格后报至专检验收。

（3）吊装设备安装就位

吊运骨架槽钢的设备为起重机，型号 QUY70 型，起重机停靠在坡道出入口环形支撑梁板上，离环形支撑梁边缘 2m 处。

（4）槽钢骨架与支撑梁固定

槽钢骨架通过起吊设备行车后吊至环形支撑内侧相应位置，槽钢骨架通过起吊设备行车后与已预埋的锚筋保持可靠的连接，槽钢骨架通过焊接与预埋锚筋通过焊接进行可靠连接。

（5）钢板面层铺设焊接

在长度为 6m 的钢板长边同一侧用焊机割 2 个 $\Phi50$ 的圆洞，用于起吊钢板；起吊时，保持钢板水平，水平后慢慢转动吊臂至槽钢骨架相应位置，钢板两端应与两侧骨架相对应；位置确定后，先电焊固定，再进行加固焊接处理；焊接完成后，进行全面检查，确保质量合格、安全可靠。

5. 恢复回填出土坡道、外运第二层土方

（1）第一道挡土结构完成后，经过监理、业主现场验收合格后，才进行下一道坡道土方回填施工。

（2）在回填坡道土方过程中，应安排专人在挡土结构背面进行 24h 观察，骨架槽钢是否存在变形。

（3）在继续回填、压实当中，安排专人继续观察槽钢的变形是否趋于稳定。

（4）第二层土方外运坡道坡角不宜过大，角度必须控制在不大于 10°，垂直高度控制在 9m，则水平距离不宜小于 50m。

（5）坡道修筑完成后，坡道两侧应该有防护装置和安全警示灯。

6. 先开挖第二层其他位置，最后挖除出土坡道，环撑闭合

（1）先开挖外运距离坡道较远的位置，最后开挖施工坡道位置。

（2）第三道支撑梁施工继续分 4 段进行，坡道附近为最后一个分段，先施工较远位置。

（3）坡道土方开挖至不影响坡道处支撑梁施工为止，确保支撑梁施工人员安全。

（4）尽量控制坡道土方开挖量，不影响施工的尽量不要开挖，节省时间和成本费用。

（5）预埋筋的埋设根据设计要求进行，不得随意，安装时一定要注意间距、外露长度和均匀性。

7. 制作、安装第二道柱板挡土结构

（1）坡道柱板挡土结构设计技术参数：柱板长为 5.5~6.0m、宽为 18.4m，间距为 500mm；

（2）在吊运槽钢、钢板时，必须安排专人指挥，保证基坑顶与基坑底施工人员步调一致；

（3）吊装在起吊槽钢、钢板时，要缓缓落下，不能左右摆动，防止物体伤及施工人员；

（4）焊接一定要满足规范要求，焊渣应敲掉，焊缝长度和高度必须满足要求。

8. 恢复出土坡道、外运第三层土方至坑底设计标高

（1）挡土结构焊接完成后，应组织监理、业主及设计人员对柱板挡土结构进行验收，是否按照设计要求进行施工，重点检查槽钢型号、规格、间距以及钢板厚度，与设计文件是否相符。

（2）验收合格后，开挖土体回填恢复坡道出土。坡道底部必须牢固，不能回填含水量较饱和的黏性土。

（3）由于该坡道较高，在回填过程中尽量回填一些碎砖渣、块石，且必须分层压实；

（4）考虑到重型车辆的行驶，为确保安全，在坡面上满铺一层厚 20mm 的钢板，且每间隔 200mm 焊接一道 φ25 钢筋，防止车辆在下雨、潮湿天气发生滑移导致翻倒。

9. 挖除最后一道出土坡道

（1）整个基坑土方开挖至接近设计标高后，出土逐渐向坡道回收。

（2）运土车辆在施工人员指挥下，沿坡道慢慢倒入坑底，安排专人指挥，确保车辆安全。

（3）如果发现重型泥头车倒入坡道存在安全隐患，可在坡顶装土，坑底采用多级倒运的方式将土倒运到柱板挡土结构边，以便于装土运输。

（4）分级倒运过程中，挖掘机应间隔一定的安全距离，确保挖掘机之间相互不干扰。

10. 收尾、完成基坑土方开挖外运

（1）根据基坑深度和施工条件，可采用长臂挖机或抓斗完成基坑土方收尾；

（2）预留 200~300mm，确保坑底不被扰动。

11. 拆除出土挡板结构

（1）拆除顺序：严格遵循"后安装先拆除，先安装后拆除"的原则。

（2）拆除方法：采用氧气切割拆除方法。

（3）在拆除过程中，采用 QUY70 型吊车配合施工作业人员共同作业拆除。

（4）在拆除作业时，吊车的起吊钩必须吊住要拆除的构件，如钢板、槽钢等，防止构件（钢板、槽钢）瞬间失去拉力，受重力作业高处坠落砸伤施工作业人员。

（5）拆除起吊上来的构件按照要求一件一件摆放在基坑坡顶合适位置，不影响施工为宜。

六、质量控制措施

1. 原材料进场必须有出厂合格证。

2. 在材料进场之前，必须先报验，经过监理、业主批准后，才能进场。

3. 挡墙骨架槽钢制作前应对槽钢规格、品种、型号、强度及规格尺寸等内容进行检查，看其是否与设计要求一致。

4. 在环形支撑梁内预埋钢筋，在预埋前也应对其钢筋的大小、长度、型号及品种、种类进行检查。

5. 在焊接过程中应严格对焊口规格、焊缝长度、焊缝外观和质量、骨架及预埋筋定位偏差进行检查。

6. 焊接骨架槽钢以及与预埋的钢筋之间的搭接，必须严格按照施工设计图和规范要求。

七、安全措施

1. 设备系统操作人员经过岗前培训，熟练机械操作性能和安全注意事项，经考核合格后方可上岗操作。

2. 设备系统使用前进行试运行，确保机械设备运行正常后方可使用。

3. 电焊作业严格执行动火审批规定。每台电焊机设置漏电断路器和二次空载降压保护器（或触电保护器），放在防雨的电箱内，拉合闸时戴手套侧向操作，电焊机进出线两侧防护罩完好。

4. 起重机的指挥人员持证上岗，作业时应与操作人员密切配合，执行规定的指挥信号；起吊槽钢骨架，下方禁止站人，待骨架降到距模板 1m 以下才准靠近，就位支撑好方可摘钩。

5. 起吊设备运行前，确保机械设备上和两侧无人，警示铃长鸣 30 秒后，方可按操作规程运行设备。

6. 起吊设备运行时，除操作人员和辅助人员外，其他人员禁止在设备系统 2m 范围内作业或施工。

7. 高空焊接作业人员安装槽钢骨架须在系统设备完全停止后进行，不得在系统设备未完全停止前吊放槽钢骨架。

8. 起吊槽钢骨架时，槽钢骨架规格统一，不准长短参差不齐，不准一点起吊。

第三节　多道内支撑支护深基坑土方开挖方案优化选择

本节结合深圳地区深基坑出土施工情况，分析了多道内支撑形式下深基坑土方开挖几种不同的施工技术，综合论述了在不同环境和不同施工方法下各自的施工特点，提出了综合优化选择的方法。

一、多道内支撑支护形式深基坑土方开挖施工方法

结合深圳地区深基坑施工实践，对于采用多道内支撑支护形式下的深基坑土方开挖方法，主要有六种：临时出土坡道、专用钢筋混凝土出土坡道、专门临时出土栈桥、坑内临时平台接力出土、吊运、垂直开挖等方式。

1. 设置临时出土坡道

（1）工艺原理

利用基坑内土方作为坡道载体修筑一条临时土坡道路，从出土口修至基坑内，根据基坑的长宽比例及开挖深度，采取适当坡比，在坡面铺筑建筑垃圾或钢板，放坡侧面进行喷射混凝土加固。

（2）施工优缺点

优点：采用此种出土方式，无须额外投入其他辅助机械，利用土方坡道即可解决基坑开挖及外运，简便常见。

缺点：当设置临时出土坡道时，为保证基坑安全，在施工下一道支撑前，必须挖除坡道，完成支撑封闭后再回填坡道。为做到每道混凝土支撑封闭施工，坡道存在多次转换、重复回填、再次分层挖除及支护等工作。而且由于基坑深需设置较长的坡道，坡道放坡占用基坑面积大、时间长，影响基坑底工作面的移交和总体基础工程施工安排。这种出土方法不仅影响施工进度，而且增加坡道反复开挖、加固及回填费用。

（3）工程实例

汉国城市商业中心位于深圳市福田区，拟建建筑物塔楼部分高 75 层，其中地下室 5 层，建筑高度约 330m；本工程基坑开挖深度大部分约 23m，基坑周长约 350m，基坑采用"钻孔灌注桩 +2 道混凝土支撑 + 高压旋喷桩止水"支护形式。

本基坑土方开挖在第一层土方采用北侧自然放坡坡道出土，在完成第一道支撑和第二层土方开挖后，采用坡道转换，即先将东南角一侧的第二道支撑预先完成，再将其回填，将原来的出土北侧挖除，改用东南角一侧作为出土坡道，完成剩余第二层土方开挖，并作为坑底基础工程施工的进出通道。在完成核心筒工程桩后，采取倒边转换方法，将东南侧坡道挖除，再施工坡道处进行支护和基础工程施工。

采用此种出土方式，为做到混凝土支撑封闭施工，存在坡道二次转换、坡道重复回填、坡道再次分层挖除支护工作；加之由于基坑深度大，坡道放坡占用基坑面积大、时间长，严重影响工程桩基础施工进度，耗时长、费用高。

2. 设置专用钢筋混凝土坡道

（1）工艺原理

在一些复杂环境下的超大、超深基坑工程中，前期基坑支护设计时充分考虑后期土方施工方案，在支撑外延设计专用的桩或者立柱支撑作为竖向支撑而修建钢筋混凝土坡道，作为泥头车进出的通道。

（2）施工优缺点

优点：临时坡道设置不影响基坑多道混凝土支撑施工，坡道的便利通行加快了出土速度，满足了施工工期要求。

缺点：坡道的修筑及拆除成本高、耗时长。

（3）工程实例

平安国际金融中心基坑开挖深度 30.5m，土方开挖量 54.87 万 m³，基坑采用双环形支撑结构，四道钢筋混凝土内支撑。为确保超深基坑出土便利，在基坑支护设计时，充分考虑了出土方案，专门设计钢筋混凝土出土坡道，满足了大体积土方量的开挖、外运。其坡道采用先预打设"钻孔灌注桩十钢立柱"作为坡道竖向支撑，开挖后浇筑混凝土形成出土坡道。

临时坡道设置不影响基坑多道混凝土支撑施工，坡道的便利通行加快了出土速度，满足了施工工期要求，但其修建需投入数百万元，拆除亦需要耗费近百万元。

3. 设置临时栈桥

（1）工艺原理

为泥头车行驶、运输材料而修建的临时桥梁结构，多采用灌注桩或钢管桩支撑。对于钢筋混凝土桥面，栈桥一侧搭设在基坑顶出口处，另一侧则支承于基坑土上。栈桥可根据施工进度逐段加长或拆除。

（2）施工优缺点

优点：临时坡道设置不影响基坑多道混凝土支撑施工，坡道的便利通行加快了出土速度，栈桥在基坑内土上延伸修筑可节省一定费用。

缺点：临时栈桥的修筑需要占用时间和投入较大的费用，栈桥在后期逐段拆除后仍需要采用挖掘机接力出土。

（3）工程实例

鼎和大厦项目位于深圳市中心区福华三路和金田路交界处，占地面积 8205.51 ㎡，拟建 46 层、200m 高塔楼，附设 4 层地下室，总建筑面积约 14 万 ㎡。深基坑周长约 340.5m，面积约 7673 ㎡，开挖深度约 19m。结合现场情况及基坑所处位置，设计采用"支护桩 +3 道混凝土支撑"支护形式，桩间设三管高压旋喷桩止水。鼎和大厦基坑土方开挖采用专门的临时栈桥方案，在首层土方和首层支撑完成后，即采用临时栈桥出土，第二、三道支撑直接进行封闭施工，在基坑开挖至坑底后，采用逐段拆除栈桥，并利用坑底挖土、坑内设倒土平台、桥面直接装车的方法，较好地解决了现场出土条件困难的环境下进行基坑开挖，但其临时栈桥的修筑需要占用时间和投入较大的费用。

4. 设置临时堆土平台接力

（1）工艺原理

主要在基坑土方开挖收尾、收坡时采用，作业时在基坑底设置挖掘机挖土，将基坑内土方堆积设置为堆土平台摆放挖掘机，由坑底、堆土平台、坑顶挖掘机装车接力出土。

（2）施工优缺点

优点：可凭挖掘机解决基坑土方开挖。

缺点：堆土平台在基坑占地面积大时，基坑底倒土量大，出土速度较慢；同时，在基坑支撑超过三层及以上时，超出长臂挖机深度范围，剩余的土方出土需要增设多道平台出土，最终土方需采用吊运完成。

（3）工程实例

海岸环庆大厦项目位于深圳市福田区福田南路，本工程基坑面积29103.8㎡，设3层地下室，基坑开挖深度16.4m，采用1.0m灌注桩做围护结构，桩间0.8m旋喷桩进行止水。其内支撑结构为钢筋混凝土梁板及钢筋混凝土立柱，基坑内共布置2道混凝土支撑。

本项目基坑土方开挖与支护在完成顶层土方开挖、第一道支撑施工，以及第一、二道支撑间土方前，均采用设置临时坡道出土；在第二道支撑梁封闭后，即采用坑底挖土、坑内设置转运平台、坑顶装土外运方式。

此种出土方式，在基坑占地面积大时，存在基坑底倒土量大，出土速度较慢的弊端。同时，在基坑超过三层及以上时，超出长臂挖机深度范围，最后剩余的土方出土困难。

5. 采用吊运出土

（1）工艺原理

对于特殊复杂条件下的深基坑土方开挖，可在基坑第一、二道支撑完成后，在无法利用坡道情况下，直接采用安装塔吊、升降平台在基坑底装土，吊至坑顶后装车外运。

（2）施工优缺点

优点：开挖便利，可解决基坑狭窄、支撑密集条件下的土方开挖。

缺点：基坑开挖施工时一般情况下总包尚未进场，基坑施工单位安装塔吊使用时间短但费用大，加之塔吊和升降平台均为固定位置出土，安装、使用成本高，难以覆盖基坑全范围，出土范围受限，不利于基坑大面积出土，运土量小、效率低。

（3）工程实例

首座大厦深圳福田彩田南路，基坑深开挖深度15.6m，基坑支护采用"钻孔桩+2道混凝土支撑"形式。基坑在第二道支撑完成后，即采用吊车、塔吊出土。

6. 采用垂直开挖

（1）工艺原理

在基坑边设置钢丝绳抓斗起重机，利用收、放钢丝绳垂直吊运抓斗在基坑中抓取土方，来实现基坑土方垂直开挖。

（2）施工优缺点

优点：机械设置简便，开挖边界，可解决基坑土方开挖。

缺点：基坑顶设置机械增加了基坑顶荷载，需对基坑顶周边路面进行硬化加固，增加了施工成本、占用工期。

（3）工程实例

以国信金融大厦基坑为例。国信金融大厦基坑工程场地位于深圳市福田中心区，南侧为福华路，东侧为民田路。拟建建筑物高 208m，框架剪力墙结构。基坑大致为矩形，设五层地下室，基坑长约 101.8m，宽约 50m，基坑周长约 302.2m，面积约 5149.0 ㎡，开挖深度 23.05~24.9m，局部核心筒位置坑中坑开挖深度 31.6m，土方开挖约 122900m³。基坑支护采用"地下连续墙＋四道钢筋混凝土支撑"方案。

本工程土方开挖特点是基坑狭窄，支撑密集且支撑道数多，基坑开挖深度大，长边东西向无放坡条件，短边南北方向放坡仅能满足不超过 11m 深土方开挖。

第一层土方采用直接大开挖，泥头车直接驶进基坑内进行装土外运。第二层土方采用放坡开挖。当土方开挖至坡道处第二道支撑时，除坡道外区域的支撑已全部施工完毕，先挖断出土坡道以进行坡道处支撑施工，实现第二道支撑的全封闭，减少支撑体系的不对称而对基坑产生变形影响。坡道已在第二道支撑施工完毕后挖断，此时基坑距离地面已较高，基坑面积狭窄且支撑体系复杂，无法重新修筑坡道以采用放坡大开挖形式挖土。综合考虑功效、费用、安全等因素，在不放坡情况下进行第三、四、五层基坑中坑土方开挖时，选择在基坑顶设置移动式钢丝绳抓斗，垂直于基坑边开挖。基坑挖土作业时，基坑内设置挖掘机挖土，并在指定位置堆土；钢丝绳抓斗坑内抓取土方，提升钢丝绳抓斗至基坑顶，然后松开抓斗释放土方，再由基坑顶配置的挖掘机将土方转移至停靠于基坑边的泥头车内外运。

二、多道支撑形式下深基坑下方开挖施工技术对比分析

1. 适用范围

（1）设置临时出土坡道：基坑及周边环境有放坡条件。

（2）设置专用钢筋混凝土坡道：周边无放坡条件，且空间范围大的基坑；内支撑道数超过 3 层及以上；开挖深度超过 25m，且土方量大。

（3）设置临时栈桥：周边无放坡条件，且空间范围较大的基坑；内支撑道数超过3 层及以上；基坑开挖深度超过 20m，且土方量大。

（4）设置临时堆土平台接力出土：周边无放坡空间，空间范围小，开挖深度在20m 以内；内支撑道数不超过三道。

（5）采用吊运、升降装置出土：周边无放坡条件；支撑体系复杂、密集；基坑各道内支撑之间垂直空间小。

（6）钢丝绳抓斗垂直出土：适用于开挖深度超过 22m 及以上的基坑，最大开挖深度达 35m；适用于设有 3 层及以上的封闭内支撑支护的基坑；适用于基坑顶一侧或基

坑内支撑板上使用；适用于深基坑坡道收坡土方垂直开挖。

在以上六种施工技术中，设置临时出土坡道适用于开挖之初，范围较局限；设置临时堆土平台接力出土适用于收坡开挖，垂直出土于开挖深度大的收坡。

2. 机械设备配置

（1）临时出土坡道、专用钢筋混凝土坡道、临时栈桥：挖掘机、泥头车。

（2）临时堆土平台接力：长臂挖机、挖掘机、泥头车。

（3）吊运出土：吊车、塔吊、挖掘机、泥头车。

（4）钢丝绳抓斗垂直出土：钢丝绳抓斗起重机、挖掘机、装载机、泥头车。在以上六种施工方案中，采用吊运、升降装置出土所需机械设备最多，系统结构也较复杂，操作前也需办理一系列申请验收手续；设置临时出土坡道机械设备配置最简便，也较常见，在基坑浅层土方开挖一般会采用。

3. 施工效率

在以上六种施工方案中，设置临时出土坡道、专用钢筋混凝土坡道、临时栈桥，此三种方法都可实现泥头车驶进基坑内装土外运，正常施工单机平均每日可完成 1500m³ 土方开挖；设置临时堆土平台接力出土，单机平均每日可完成 800m³ 土方开挖及外运；采用吊运、升降装置出土，正常施工单机平均每日可完成 500m³ 土方开挖；采用垂直出土正常施工，单机平均每日可完成 600m³ 土方开挖。

4. 经济效益分析

在以上六种施工方案中，设置临时出土坡道最为经济，专用钢筋混凝土坡道、临时栈桥由于需专门搭建坡道和栈桥，其建造和拆除费用较高；设置临时堆土平台接力出土倒土机械费用较高，吊运、升降装置出土速度慢，综合成本偏高；采用钢丝绳抓斗垂直出土可机动布置，综合经济效益明显。

三、深基坑土方开挖施工技术优化选择

深基坑土方开挖施工方案应确保可行、经济、安全、效率，主要应把握以下几点：

1. 深基坑土方开挖施工方法较多，优化选择的原则是权衡利弊综合选择，每一种施工方案都应与基坑具体施工环境条件、基坑支护结构形式、基坑平面尺寸、机械设备、价格等相适宜。

2. 当基坑及周边环境具备放坡条件时，建议首先采用设置临时出土坡道进行基坑土方开挖及外运。

3. 当基坑总体不具备一坡到底开挖时，应合理布置出土坡道和行驶线路，尽可能地在基坑上部第一、二层采用，以提高出土效率和节约成本。

4. 在前期基坑支护设计时，建设单位和基坑支护设计人员应结合基坑土方开挖施工，提前考虑出土坡道设计，并列支适当费用。

5.当基坑开挖深、土方挖运量大、工期要求紧时，选择设置专用钢筋混凝土坡道或设置临时栈桥可有效解决挖运困难。

6.在基坑面积狭窄，内支撑道数多且支撑间距密集时，如地铁出入口、风亭、明挖基坑以及面积较小的建筑深基坑，可优先采用抓斗垂直出土方案。

第六章　地下连续墙深基坑支护新技术

第一节　地铁保护范围内地下连续墙成槽综合施工技术

目前，深圳经济特区地铁线穿越城市中心区、道路沿线，在城市交通及其经济建设中发挥出巨大的作用，保障地铁车站及其隧道区间的安全，确保地铁正常运营尤其重要。因此，在地铁周边进行建（构）筑物施工，特别是在地铁影响范围内进行深大基坑的开挖，地铁管理部门制订了专门的管理规定和控制标准，如严禁采用冲击振动施工，严格控制地铁的变形和沉降指标等。为使地铁周边建（构）筑物深基坑开挖满足地铁部门的要求，深圳经过施工实践总结，地下连续墙支护形式以其止水效果好、施工速度快、止水支护与结构外墙合一、安全可靠的特点越来越被广泛采用，并取得了良好效果。

由于受区域地质条件的影响，深圳地区基岩埋藏深度相对较浅，部分地下连续墙需进入岩层，甚至进入坚硬的微风化花岗石层中，施工极其困难。通常地下连续墙入岩一般采用冲击破岩或双轮铣入岩成槽。冲击入岩是在成槽抓斗施工至岩面后，改换冲击钻机，采用十字冲击锤在槽段内往复多次冲击成孔，以使槽段全断面达到设计要求。冲击过程中，相邻孔位间极易造成孔斜，需要反复纠偏。用方锤修孔成槽，造成冲击成孔速度慢。为满足破岩进度需求，往往形成施工现场冲孔桩机成排列队紧挨施工的场面，给现场安全、工程进度和文明施工管理带来被动。双轮铣成槽机是专门用以在岩层中成槽的专用设备，其具备在一定硬度条件下的岩层中成槽的能力，在深圳的个别项目现场得到运用，但其在坚硬微风化花岗石中仍然会难以顺利成槽，且会在槽段内残留硬岩死角，仍然需要采用冲击配合入岩和修孔。

为确保地铁保护范围内的地下连续墙硬岩成槽施工，又做到不影响地铁线路的正常运营，经过反复研讨和总结，提出了"地下连续墙抓斗成槽、旋挖钻机入岩取芯、方锤冲击修孔、反循环二次清孔"综合施工工艺，取得了显著效果。新的工艺拟在上部土层内采用成槽机抓斗成槽，槽段内入岩采用旋挖钻机分二序孔破岩取芯，对残留的少量硬岩死角采用一字方锤冲击修孔，对槽底的岩石碎块、沉渣采用气举反循环清孔。实践证明，这种组合工艺既突破了微风化坚硬岩层的入岩难题，又避免了入岩成槽施工振动对地铁的不利影响，同时加快了施工进度，降低了施工成本。

一、工艺特点

1.成槽速度快

通过现场施工摸索，确立了一套优化的施工工序，先由成槽机抓土至强风化岩层，而后在导墙上定位旋挖钻孔取岩位置，旋挖桩机按二序孔依次取岩，最后由方锤对旋挖施工残留的锯齿状硬岩修孔清理成槽。此配套成槽工艺，主要在成槽机、旋挖钻机、冲击方锤等机械设备的配套，发挥各自机械设备的特长，施工针对性强、成槽速度快。此工艺施工效率为约4天完成一副槽，是单一采用冲出入岩成槽工艺的4~6倍。

2.质量有保证

由于施工工期短，槽壁暴露时间相对短，减少了槽壁土体坍塌风险；对岩层处理彻底，地连墙钢筋网片安装顺利；旋挖机岩芯取样完整，能够明显辨识岩石属性，对地层判断准确；对槽底沉渣采用气举反循环工艺，确保孔底沉渣厚度满足设计要求。

3.施工成本较低

采用此新技术，总体施工速度快，单机综合效率高，机械施工成本相对低；土体暴露时间短，槽壁稳定，混凝土灌注充盈系数小；施工中泥浆使用量及废弃浆渣外量小，减少施工成本；施工过程中主要以旋挖为主，不大量使用冲桩机，机械用电量少。

4.有利于现场安全文明施工

采用旋挖钻机取芯代替了冲孔桩机破岩，不采用泥浆循环，泥浆使用量大大减少，废浆废渣量小，有利于现场总平面布置和文明施工；采用旋挖钻机入岩取芯，大大提升了入岩工效，减少了冲孔桩机的使用数量，有利于现场安全管理，避免了对地铁设施的影响。

二、适用范围

1.适用于地下连续墙入中风化、微风化坚硬岩层施工。

2.适用于地铁保护范围内地下连续墙中风化、微风化入岩施工。

3.适用于周边重要建筑物、地下管线分布，不允许使用冲桩机处理的地下连续墙项目。

4.适用于地连墙成槽机无法抓取厚度较大岩层、工期要求高的场地。

三、工艺原理

本项工艺技术特点主要表现在四个方面：一是强风化岩层以上地层的抓斗成槽；二是旋挖钻机分序硬岩取芯；三是方锤修整残留硬岩齿边；四是气举反循环清理槽底岩块沉渣。

1.强风化岩层以上地层的抓斗成槽技术

（1）成槽抓斗通过导墙导向定位，抓斗在自重下放入槽内，在泥浆护壁的基础上，凭自身液压系统作用在槽段内抓土，机械自带垂直度监视仪，同时抓斗两侧设有纠偏板进行过程中纠偏，以达到垂直下挖成槽过程。

（2）抓斗反复在槽段内抓取，直至强风化岩面标高位置。

（3）抓斗将抓取出的地层直接装自卸车运至现场指定位置，集中外运。

2.旋挖钻机分序硬岩取芯技术

（1）旋挖钻机入岩已越来越成为岩土工程界的共识，并广泛用于钻孔灌注桩入岩施工。为突破硬岩施工的困难，我们选用大功率、大扭矩旋挖钻机施工，配套截齿钻头和筒式钻头，对基岩进行切磨合捞取。

（2）为确保达到旋挖完全取芯，我们对取芯钻孔进行了专门设计，对于厚度800mm、幅宽4m的地连墙，取芯孔布置为：先钻一序孔，即1号、2号、3号、4号共4个直径800mm的钻孔；而后钻二序孔，即在先钻的4孔间套钻5号、6号、7号共3个钻孔，以最大限度地将硬岩钻取出。

（3）旋挖机钻取岩石时，先采用筒式钻头钻进至基岩面，然后将硬质岩芯取出，再用斗钻将岩渣捞出槽段。

3.方锤修整残留硬岩齿边

旋挖机硬岩取芯后，残留的少部分硬岩齿边，会导致钢筋网片安放不到位，此时采用冲击方锤对零星锯齿状硬岩残留进行修孔，以使槽段全断面达到设计尺寸成槽要求。冲击修孔时，采取低锤提升冲击，既是防止修孔时偏锤，也是避免对地铁的冲击振动影响。

4.气举反循环清理槽底岩块、沉渣

旋挖钻取芯、冲击方锤修孔后，如槽段内孔底岩块、岩渣较多，则采用气举反循环清孔。气举反循环清孔的原理是在导管内安插一根长约2/3槽深的镀锌管，将空压机产生的压缩空气送至导管内2/3槽深处，在导管内产生低压区，连续充气使内外压差不断增大，当达到一定的压力差后，则使泥浆在高压作用下从导管内上返喷出，槽段底部岩渣、岩块被高速泥浆携带经导管上返喷出孔口。

四、施工工艺流程

（一）施工工艺流程图

地下连续墙抓斗成槽、旋挖入岩、冲击方锤修孔施工工艺流程见图 6-1。

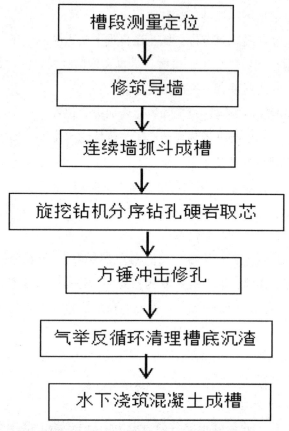

图 6-1 地下连续墙抓斗成槽、旋挖入岩、冲击方锤修孔施工工艺流程

（二）操作要点

以国信金融大厦项目东侧厚度 800mm、幅宽 4m 地下连续墙为例。

1. 测量放线、修筑导墙

（1）根据业主提供的基点、导线和水准点，在场地内设立施工用的测量控制网和水准点；

（2）施工前，专业测量工程师按施工图设计将地连墙轴线测量定位，沿轴线开挖土方，绑扎钢筋，支模浇筑导墙混凝土；

（3）导墙用钢筋混凝土浇筑而成，导墙断面一般为"┑┍"形，厚度一般为 150~200mm，深度为 2.0m，其顶面高出施工地面 100mm，两侧墙净距中心线与地下连续墙中心线重合。

（4）考虑到东侧需采用旋挖钻机槽段内硬岩钻孔取芯，由于SANY420机重达145t，为防止旋挖钻机工作时对导墙的重压影响，对场地内侧导墙专门进行了加固，一是将导墙内侧由原设计的1.2m加宽至3m，厚度15cm，加设两道钢筋网片，浇筑C30商品混凝土，与导墙内侧连成一体，形成旋挖钻机坚固施工工作面；二是在内侧导墙边预留孔，施打单管高压旋喷桩，单管高压旋喷桩直径500mm、深度8m、桩边间距30cm，确保导墙的稳定，保证成槽顺利进行。

2. 连续墙抓斗成槽

（1）本项目地下连续墙采用德国宝峨BG34型抓斗，其产品质量可靠，抓取力强，其每抓宽度约2.80m，可在强风化岩层中抓取成槽。东侧入岩槽段幅宽为4m，成槽分两抓完成。

（2）挖槽过程中，保持槽内始终充满泥浆，随着挖槽深度的增大，不断向槽内补充优质泥浆，使槽壁保持稳定。抓取出的渣土直接由自卸车装运至场地指定位置，并集中统一外运。

（3）抓槽深度至强风化岩面，由于槽段内岩面出现倾斜走向，造成槽底标高不一致，使得在后期旋挖机的钻头直接作用在斜岩面上，容易造成钻孔偏斜，处理较为困难。经摸索总结，采取了妥善的处理措施，即在岩面以上成槽机预留5m残积土和强风化岩不抓取，所留土层在旋挖机成孔过程中起导向作用，通过土层对钻杆的约束，保证其成孔的垂直度。

（4）抓斗提离槽段之前，在槽段内上下多次反复抓槽，以保证槽段的厚度满足设计要求，以免旋挖钻头无法正常下入至槽底。

（5）抓斗成槽过程中选用优质膨润土造浆，设置泥浆循环、净化系统，始终保持槽段内泥浆面标高位置和良好性能。现场备足泥浆储备量，以满足成槽、清槽需要，以及失浆时的应急需要。

3. 旋挖钻机分序钻孔硬岩取芯

（1）抓斗抓取至槽底一定标高后，即退出槽位，由旋挖钻机实施入岩取芯。

（2）旋挖钻孔按二序施工，先施工平面位置上的1~4号钻孔，再施工5~7号钻孔，以便最大限度地将硬岩取出槽孔。

（3）旋挖钻孔前，在导墙上做好孔位中心标记，并用钢筋在槽段上做好标识，以便准确入孔钻岩。

（4）旋挖钻机在入岩之前，先采用旋挖钻斗取土成孔，完成土层及强风化岩钻孔；钻至中风化岩层面时，改换截齿钻筒破岩取芯。

（5）旋挖钻机钻取硬岩时，采用低速慢转，防止钻孔出现偏斜，特别是在施工第二序钻孔时，防止偏孔。

（6）旋挖钻筒钻至设计入岩深度或标高后，将岩芯直接取出，再改用捞渣钻斗捞取孔内岩块、岩渣，注意调整好泥浆黏度，增强钻渣的悬浮能力，尽可能地清除孔底岩块岩渣。

（7）旋挖钻机入岩取芯完成后，在槽段范围内多次往返下钻，尽可能地将硬岩钻取出槽段，以减少方锤修孔量。

4. 方锤冲击修孔

（1）由于旋挖钻机在取芯时钻孔间会有残留齿状硬岩，使得钢筋网片无法安放到位，因此，旋挖钻机入岩取芯后，需用方锤冲击修孔。

（2）方锤修孔前，准确探明残留硬岩的部位。

（3）方锤下入前，认真检查方锤的尺寸，尤其是方锤的宽度，要求与槽段厚度、旋挖钻孔直径基本保持一致。

（4）方锤冲击修孔时，采用重锤低击，一方面避免方锤冲击硬岩时斜孔，另一方面减小对地铁的振动。

（5）方锤修孔时间过长时，需及时提钻，检查方锤的损耗情况；如果方锤宽度偏小，需及时进行修复，防止修孔时出现上大下小的情况，影响钢筋网片的顺利安放。

（6）方锤修孔时，基本保持一致的提升高度，切忌随意提高冲程，防止冲程过大硬岩卡锤。

（7）方锤冲击修孔过程中，采用正循环泥浆循环清孔，将岩渣携出槽底，以保证冲击成孔进度。

（8）修孔完成后，对槽尺寸进行量测，以保证修孔到位。

5. 气举反循环清理槽底沉渣

（1）方锤修孔完成后，及时采用地下连续墙抓斗下至槽段内抓取出槽底岩块、岩渣，如果槽内沉渣过多过厚，则进行泥浆循环清理槽底沉渣。

（2）本项目槽段清孔采用气举反循环方式，空压机选择 9m³/min，清孔效果不佳，后改为 12m³/min 空压机，清孔效果明显。

（3）由于槽段幅宽为 4m，在气举反循环清孔时，同时下入另一套孔内泥浆正循环设施，防止岩渣、岩块在槽侧堆积，有效保证清孔效果。

（4）在清渣过程中，同时进行槽段换浆工作，保证泥浆的指标和沉渣满足设计要求。

（5）清渣完成后，检测槽段深度、厚度、槽底沉渣硬度、泥浆性能等，并报监理工程师现场验收。

6. 钢筋网片制备，灌注导管安装

（1）地下连续墙的钢筋网片按设计图纸加工制作。

（2）制作场地硬地化处理，主筋采用套件连接，接头采用工字钢，钢筋网片一次性制作完成。

（3）钢筋网片制作完成后，检查所有钢筋型号及尺寸，预埋钢筋、预埋件、连接器等的规格、数量及位置，并报监理工程师验收。

（4）钢筋网片采用吊车下入，最大吊装量超过30t，吊装前编制专项吊装方案，报专家评审通过后实施。现场吊装采用1台150t、1台80t履带吊车多吊点配合同时起吊，吊离地面后卸下80t吊车吊索，采用150t吊车下放入槽。

（5）在吊放钢筋笼时，对准槽段中心，不碰撞槽壁壁面，不强行插入，以免钢筋网片变形或导致槽壁坍塌。钢筋网片入孔后，控制顶部标高位置，确保满足设计要求。

（6）钢筋网片安放后，及时下入灌注导管。灌注导管按要求下入2套导管，同时灌注，以满足水下混凝土扩散要求，保证灌注质量。

（7）灌注导管下放前，对其进行泌水性试验，确保导管不发生渗漏。导管安装下入密封圈，严格控制底部位置，并设置好灌注平台。

7. 水下灌注混凝土成槽

（1）灌注槽段混凝土之前，测定槽内泥浆的指标及沉渣厚度，如沉渣厚度超标，则采用气举反循环进行二次清孔。槽底沉渣厚度达到设计和规范要求后，由监理下达开灌令灌注槽段混凝土。

（2）灌注混凝土采用商品混凝土，满足防渗要求，坍落度为180~220mm。

（3）槽内安设2台套灌注导管，同时进行初灌，初灌斗为2.5m³，混凝土罐车直接卸料至灌注料斗。

（4）由于灌注混凝土量大，施工时需做好灌注混凝土量供应、现场调度等各项组织工作，保证混凝土灌注连续进行。

（5）在水下混凝土灌注过程中，每车混凝土浇筑完毕后，及时测量导管埋深及管外混凝土面高度，并适时提升和拆卸导管。导管底端埋入混凝土面以下一般保持2~4m，不大于6m，严禁把导管底端提出混凝土面。

（6）混凝土在终凝前灌注完毕，混凝土浇筑标高高于设计标高0.8m。

根据施工需要，本技术所使用的配套机械设备主要包括：地连墙抓斗（成槽）、旋挖机（入岩取芯）、冲击方锤（修孔）、空压机（气举反循环清底）等。

（三）质量控制

1. 严格控制导墙施工质量，重点检查导墙中心轴线、宽度和内侧模板的垂直度，拆模后检查支撑是否及时、正确。

2. 抓斗成槽时，严格控制垂直度，如发现偏差及时进行纠偏。液压抓斗成槽过程中，选用优质膨润土针对地层确定性能指标配置泥浆，保证护壁效果。抓斗抓取泥土提高导槽后，槽内泥浆面会下降，此时应及时补充泥浆，保证泥浆液面满足护壁要求。

3. 认真督促检查成槽过程中的泥浆质量，检测成槽垂直度、宽度、厚度及沉渣厚度是否符合要求。

4. 为进一步保证旋挖桩机入硬岩的效果，抓斗成槽深度控制在距岩面约 5m，预留的钻孔厚度作为旋挖桩机钻孔导向，以控制旋挖入岩的垂直度。

5. 旋挖钻机钻孔硬岩取芯过程中，加强对入岩取芯钻孔孔位点的控制，以确保钻位准确定位；旋挖钻孔先从岩面较高部位施工，后施工岩面较低部位。

6. 旋挖桩机钻孔至中风化或微风化岩面时，应报监理工程师、勘察单位岩土工程师确认，以正确鉴别入岩岩性和深度，确保入岩深度满足设计要求。旋挖处理入岩过程中，始终保持泥浆性能稳定，确保泥浆液面高度，防止因水头损失导致塌孔。

7. 旋挖钻机入岩取芯至设计标高后，调用冲桩机配方锤进行槽底残留硬岩修边，将剩余边角岩石清理干净；冲桩过程中，重锤低击，切忌随意加大提升高度，防止卡锤；同时，由于硬岩冲击时间较长，如出现方锤损坏或厚度变小，及时进行修复，防止槽段在硬岩中变窄，使得钢筋网片不能安放到位。

8. 方锤修孔完成后，对槽段尺寸进行检验，包括槽深、厚度、岩性、沉渣厚度等，各项指标必须满足设计和规范要求。

9. 方锤修孔完成后，如槽底沉渣超过设计要求，则采用气举反循环进行清渣，确保槽底沉渣厚度满足要求。

10. 地下连续墙钢筋网片制作按设计和规范要求制作，严格控制钢筋笼长度、厚度尺寸，以及预埋件、接驳器等位置和牢固度，防止钢筋笼入槽时脱落和移位。

11. 钢筋笼制作完成后进行隐蔽工程验收，合格后安放；地连墙钢筋网片采用 2 台吊车起吊下槽，下入时注意控制垂直度，防止剐撞槽壁，满足钢筋保护层厚度要求。下放时，注意钢筋笼入槽时方向，并严格检查钢筋笼安装的标高，钢筋笼入槽时应用经纬仪和水平仪跟踪测量，确保钢筋安装精度；检查符合要求后，将钢筋笼固定在导墙上。

12. 槽段混凝土采用水下回顶法灌注，采用商品混凝土，设 2 台套灌注管同时灌注；初灌时，灌注量满足埋管要求；灌注过程中，严格控制导管埋深，防止堵管或导管拔出混凝土面。

13. 每个槽段按要求制作混凝土试块，严格控制灌注混凝土面高度并超灌 80cm 左右，以确保槽顶混凝土强度满足设计要求。

14. 施工过程中，严格按设计和规范要求进行工序质量验收，派专人做好施工和验收记录。

（四）安全措施

1. 本工艺需利用旋挖桩机入槽段钻孔，由于旋挖桩机重量大，超出正常导墙的承受能力。因此，施工前应采用对导墙及旋挖机作业工作面进行加宽、加厚混凝土面，增加旋喷桩，铺垫厚钢板等方式加固处理，防止施工过程中出现导管坍塌、作业面沉降等。

2. 抓斗成槽过程中，注意槽内泥浆性能及泥浆液面高度，避免出现清水浸泡、浆面下降导致槽壁坍塌现象的发生。抓斗出槽泥土时，转运的泥头车按规定线路行驶，严格遵守场内交通指挥和规定，确保行驶安全。

3. 旋挖机钻孔硬岩取芯过程中，应加强对导墙稳定的监测和巡视巡查，发现异常情况及时上报处理。

4. 钢筋网片一次性制作、一次性吊装，吊装作业成为地连墙施工过程中的重大危险源之一，必须重点监控，并编制吊装安全专项施工方案，经专家评审后实施。吊装时，严格按吊装方案实施；同时，检查吊车的性能状况，确保正常操作使用；在吊装过程中，设专门司索工进行吊装指挥，作业半径内人员全部撤离作业现场。

5. 当出现槽壁坍塌现场时，必须先将挖槽机提出地面，避免发生被埋事故。

6. 在施工过程中，对连续墙附近的市政、自来水、电力、通信等各种地下管线进行定期监测，并制定保护措施和应急预案，确保管线设施的安全。

7. 施工期间，遇大雨、6级以上大风等恶劣天气，停止现场作业，大风天气将吊车、抓斗、旋挖机机械桅杆放水平。

8. 液压抓斗成槽、冲击方锤修孔时，经常检查钢丝绳使用情况，掌握使用时间和断损情况，发现异常，及时更换，防止断绳造成机械或孔内事故。

9. 成槽后，必须及时在槽口加盖或设安全标志，防止人员坠入。

（五）工程应用实例

1. 工程概况

国信金融大厦基坑支护、土石方与桩基工程由国信证券投资兴建，位于深圳市福田中心区，占地面积5149㎡，场地南侧为福华路，东侧为民田路；南侧紧邻地铁1号线，东侧紧邻地铁3号线最近距离仅6.352m。拟建建筑物高208m，框架剪力墙结构；基坑周长302.2m，设四层地下室，开挖深度23.05~31.60m，基坑支护安全等级为一级。施工内容包括：基坑地下连续墙支护、工程桩基础施工、土方开挖。

2. 基坑支护设计情况

基坑支护设计采用"地下连续墙＋混凝土内支撑"方式，地下连续墙不仅作为基坑开挖的支护结构，还作为地下室承重外墙的一部分。在东侧、南侧靠近地铁一侧施加一排高压旋喷桩和一排摆喷桩，施工工序上要求先施工旋喷桩，再施工地下连续墙，以防止地下连续墙成槽踢孔造成对地铁设施的影响。连续墙共50幅，墙厚1000mm共45幅，其中北侧入岩3幅；东侧受通信管线影响，墙厚变更为800mm，共5幅。地下连续墙设计嵌固基坑底以下 9m，或以进入中风化岩不少于 3m 控制；地连墙间接头采用 12mm 厚工字钢接头，墙体采用 C30、P8 水下商品混凝土；地连墙墙底允许沉渣厚度不大于 100mm，墙体垂直度允许偏差为 1/300。

3. 场地地层分布情况

拟建场地原始地貌单元属新洲河与深圳河冲洪积阶地，场地地势平坦，地层自上而下主要为：人工填土、粉质黏土、中粗砂、砾质黏性土，下伏基岩为燕山晚期花岗岩。场地内基岩起伏状态为西低东高，南低北高，基坑底位于砾质黏性土层中，地下连续墙墙底分别位于强风化、中风化和微风化岩中，主要入岩地下连续墙在东侧、北侧，共计 10 幅。

场地地下连续墙施工遇到的主要工程地质问题表现为填土、中粗砂层的塌孔，以及中、微风化岩石入岩，微风化饱和单轴抗压强度平均值达到 92.3MPa。场地东侧、北侧 10 幅入岩地下连续墙剖面图、地层分布。

4. 入岩地下连续墙施工情况

开工时，按施工总体部署，先进行基坑支护地下连续墙施工。为保护地铁安全，基坑东侧、南侧的地下连续墙施工前，必须先施工高压旋喷桩、高压摆喷桩，以保护地铁免受连续墙塌孔的影响；2013 年 3 月，基础工程桩开始施工，开动一台 SANY SR420II 旋挖桩机。

（1）北侧远离地铁范围地下连续墙入岩施工情况

先期施工距离地铁较远的北侧入岩墙施工，墙厚度设计为 1000mm，标准幅宽 4m，设计墙深 33.6m，入中、微风化花岗岩 3m 终孔。先用成槽机挖至强风化岩面，而后选用冲桩机入岩，用冲击锤破岩成孔，再用方锤修孔的方式成槽，泥浆正循环将底部沉渣吸取。槽段共设置二序冲桩孔共 8 个，冲击入岩过程中形成斜孔，纠偏时间长，造成上部土体开槽暴露时间长，中部砂层及下部全风化层引起塌孔，在冲桩入岩第 12 天时将槽段回填，造成施工极其被动。

（2）新工艺的应用

针对该工程地下连续墙入坚硬微风化岩厚度大的特点，在充分分析、总结冲桩机入岩成槽过程中出现的问题后，总结提出了"抓斗，上部土层成槽、旋挖钻机入岩取芯、方锤冲击修孔、气举反循环二次清孔"综合施工工艺，即在上部土层内采用成槽机抓斗成槽，槽段内入岩采用旋挖钻机分二序孔破岩取芯，对残留的少量硬岩死角采用方锤冲击修孔，对槽底的岩石碎块、沉渣采用气举反循环清孔。这种组合工艺既突破了微风化坚硬岩层的入岩难题，又避免了入岩成槽施工振动对地铁的不利影响，旋挖入岩大大减少了泥浆的使用量，既加快了施工进度，降低了施工成本，又有利于实现绿色施工。

5. 主要机械设备的选择

（1）地下连续墙抓斗：选择德国宝峨公司制造的 GB34 液压抓斗，其机械性能稳定，抓取能力强，适用于强风化及以上地层连续墙施工。

（2）旋挖钻机：由于旋挖钻机主要用于连续墙硬岩取芯，硬岩强度大，因此选用三一重工入岩旋挖机 SR420 II 型进场施工。SR420II 旋挖钻机自重 145t，具有首创自动脉冲加压破岩技术，通过给岩层施加符合岩石破碎机理的周期脉冲压力，大幅提高入岩效率，并最终实现自动入岩；钻机配备五级减振技术，可以实现全方位、多维度吸收钻机施工振动频率，确保钻机钻进硬岩时保持高稳定性；同时，钻机动力头功能强大，配备有 3 组马达、减速机，提供 420kN/m 的超强输出扭矩，是目前国内生产的超强入岩钻机，其入岩效果好，保证了微风化花岗岩钻孔取芯的施工进度。

（3）硬岩修孔冲桩机：由于冲桩机主要用于厚度 800mm 和 1000mm 的地连墙修孔，方锤重量轻，本项目选择 5t 机进场，可以满足冲击修孔提升能力。

（4）吊车：吊车主要用于地下连续培起吊安装，本项目地下连续墙最深 33.5m，为确保安全起吊，经钢筋网片吊装计算，需由 150t、80t 吊车施工。在实际施工过程中，由 260t 吊车主吊，80t 吊车副吊，主吊能力强，现场移动距离少，有利于安全操作。

（5）空压机：在旋挖桩机入岩取芯、冲桩机方锤修孔完成后，为确保边墙槽底沉渣满足设计和规范要求，采用气举反循环进行清渣。考虑至槽深和断面厚度，经现场测试，选用 12m³/min 空压机能满足清槽要求。

6. 基坑支护桩检测情况

地下连续墙达到养护龄期后，经过槽段开挖、声测管检测、抽芯检测，以及地下连续墙槽段混凝土试块试压，检测结果表明：混凝土完整性、混凝土强度、槽底沉渣等全部满足设计和规范要求，得到设计单位、业主和监理相关好评。

第二节　地下连续墙硬岩大直径潜孔锤成槽施工技术

在采用地下连续墙支护形式的深基坑工程施工中，有些场地基岩埋藏深度较浅，部分地下连续墙需进入岩层深度大，甚至进入坚硬的微风化花岗岩层中，施工极其困难。目前，地下连续墙入岩方法一般采用冲击破岩，对于幅宽 6m、入岩深度 6m 的地下连续墙成槽施工时间可长达 20~30 天，且施工综合成本高。针对入硬岩地下连续墙施工的特点，结合现场条件及设计要求，开展了"地下连续墙深厚硬岩大直径潜孔锤成槽综合技术"研究，形成了"地下连续墙深厚硬岩大直径潜孔锤成槽综合施工工艺"，即采用大直径潜孔锤槽底硬岩间隔引孔、圆锤冲击破除引孔间硬岩、方锤冲击修孔、气举反循环清理槽底沉渣，较好地解决了地下连续墙进入深厚硬岩时的施工难题，实现了质量可靠、节约工期、文明环保、高效经济的目标，达到了预期效果。

一、工程应用实例

1. 项目概况

长沙市轨道交通 3 号线一期工程 SG-3 标清水路（中南大学）站项目位于岳麓区清水路与后湖路交叉路口处，车站全长 211.6m，主体结构形式为地下二层岛式车站，基坑深约 16.71~18.31m，采用明挖法施工，基坑围护结构采用地下连续墙结合三道内支撑的形式，共设置 800mm 厚的地下连续墙 86 幅。

2. 地下连续墙设计情况

本项目地下连续墙厚 800mm，标准幅宽主要为 6m，墙身深度 19~25m。连续墙嵌固深度范围内地层为中风化岩层时，要求满足嵌固深度不小于 3m；嵌固深度范围内地层为微风化岩层时，要求满足嵌固深度不小于 2m。由于基坑北部及南部的部分区域岩面出露深度非常浅，因此地连墙入岩深度达 3~16m。

3. 施工情况

本项目地下连续墙施工期间，开动 2 台 SG40A 地下连续墙液压抓斗成槽机，1 台 CGF-26 大直径潜孔锤钻机（Φ800mm）、6 台 CK-8 冲孔桩机、三台 XRHS415 大风量空压机，以及 150t 履带式起重机和 80t 汽车式起重机各 1 台。

施工先采用液压抓斗成槽机施工至中风化岩面，然后改用与连续墙厚度相匹配的 Φ800mm 大直径潜孔锤钻机，在槽段内间隔引孔，引孔间距 200~350mm，一幅 6m 宽的地连墙引孔 6 个；然后利用冲孔钻机结合圆锤破除引孔间隔处的硬岩，再采用方锤修整槽壁残留的硬岩齿边，以使槽段全断面达到设计尺寸成槽要求，一幅入岩 16m 的地连墙施工时间缩短至 3~5 天，对比同等入岩情况下，传统的全部采用冲孔桩机入岩成槽的方式，将需要 20~30 天，因此施工工效获得了显著提高。

4. 地下连续墙检测及验收情况

经现场 18 幅钻芯检测和 20 幅超声检测，结果墙身完整性、墙身混凝土抗压强度、沉渣厚度均满足设计要求，工程一次验收合格。

二、工艺原理

本技术的工艺原理包括大直径潜孔锤入岩引孔、冲击锤修孔、气举反循环清孔等工艺技术。

1.大直径潜孔锤入岩引孔

（1）破岩位置定位

在深度接近硬岩岩面时停止使用抓斗成槽机，在导墙上按200~350mm的间距定位潜孔锤破岩位置，减少潜孔锤施工时孔斜或孔偏现象，降低钻孔纠偏工作量。

（2）大直径潜孔锤破岩

潜孔锤引孔破岩的原理是潜孔锤在空压机的作用下，高压空气驱动冲击器内的活塞做高频往复运动，并将该运动所产生的动能源源不断地传递到钻头上，使钻头获得一定的冲击功；钻头在该冲击功的作用下，连续地、高频率地对硬岩施行冲击；在该冲击功的作用下，形成体积破碎，达到破岩效果。

潜孔锤钻进过程中，配备3台大风量空压机，空压机的选用与钻孔直径、钻孔深度、岩层强度、岩层厚度等有较大关系，在长沙地铁3号线清水路站项目地下连续墙入岩施工过程中，选用了3台阿特拉斯·科普柯XRHS415型空压机并行送风，风压约80kg/㎡，空压机产生的风量达54m³/min。桩架选择采用长螺旋多功能桩机，确保钻杆高度能满足最大成孔深度要求，提供持续的下压力，直接用潜孔锤间隔引孔至设计标高。

（3）大直径潜孔锤一径到底成槽

大直径潜孔锤钻头是破岩引孔的主要钻具，为确保在槽段内的引孔效果，选择与地下连续墙墙身厚度相同的大直径潜孔锤一径到底。

2.冲击锤修孔

潜孔锤间隔引孔后，采用冲击圆锤对间隔孔间的硬岩冲击破碎。

3.方锤修整槽壁残留硬岩齿边

4.圆锤对间隔孔间的硬岩冲击破碎后，残留的少部分硬岩齿边，会阻滞钢筋网片安放不到位，此时采用冲击方锤对零星锯齿状硬岩残留进行修孔，以使槽段全断面达到设计尺寸成槽要求。

5.气举反循环清孔

潜孔锤引孔、冲击圆锤及方锤修孔后，采用气举反循环清孔；在气举反循环清孔时，同时下入另一套孔内泥浆正循环设施，防止岩渣、岩块在槽侧堆积，有效保证清孔效果。

三、工艺特点

1.成槽速度快

根据施工现场应用，潜孔锤在中风化岩层中单孔每小时可钻进3~4m，在微风化岩层中单孔每小时可钻进1~2m，以入岩16m为例，每天可完成2~3个钻孔，可以实现3~5天完成1幅6m宽、800mm厚且入岩深度10~16m的地下连续墙施工，而同等情况，如果全部采用冲孔桩破岩施工，将需要 20~30 天方可完成入岩施工，因此采用大直径潜孔锤的施工效率得到了显著提高。

2. 质量可靠

采用本工艺施工时间短，槽壁暴露时间相对短，减少了槽壁土体的坍塌风险；同时，由于采用综合工艺对槽壁进行处理，潜孔锤桩机钻孔时液压支撑桩机稳定性好，操作平台设垂直度自动调节电子控制，自动纠偏能力强，能有效保证钻孔垂直度，便于地连墙钢筋网片安装顺利；另外，对槽底沉渣采用气举反循环工艺，确保槽底沉渣厚度满足设计要求。

3. 施工成本较低

采用本工艺成槽施工速度快，单机综合效率高，机械施工成本相对较低；由于土体暴露时间短，槽壁稳定，混凝土灌注充盈系数小，并且施工过程中不需采用大量冲桩机使用，机械用电量少。

4. 有利于现场安全文明施工

采用潜孔钻机代替了冲孔桩机，泥浆使用量大大减少，废浆废渣量小，有利于现场总平面布置和文明施工；同时，潜孔锤钻机大大提升了入岩工效，减少了冲孔桩机的使用数量，有利于现场安全管理。

5. 操作安全

潜孔锤作业采用高桩架一径到底，施工过程孔口操作少，空压机系统由专门的人员维护即可满足现场作业，整体操作安全可靠。

四、适用范围

1. 可适用于成槽厚度 ≤1200mm、成槽深度 ≤3000mm 的地下连续墙成槽。
2. 适用于抗压强度 ≤100MPa 的各类岩层中入岩施工。

五、操作要点

1. 测量定位、修筑导墙

（1）导墙用钢筋混凝土浇筑而成，断面为"┐ ┌"形，厚度为 150mm，深度为 1.5m，宽度为 3.0m。

（2）导墙顶面高出施工地面 100mm，两侧墙净距中心线与地下连续墙中心线重合。

2. 抓斗成槽至硬岩岩面

（1）成槽机每抓宽度约 2.80m，可在强风化岩层中抓取成槽；6m 宽槽段分三抓完成。

（2）本项目地下连续墙采用上海金泰 SG40A 型抓斗，其产品质量可靠，抓取力强。

（3）挖槽过程中，保持槽内始终充满泥浆，随着挖槽深度的增大，不断向槽内补充优质泥浆，使槽壁保持稳定；抓取出的渣土直接由自卸车装运至场地指定位置，并集中统一外运。

（4）成槽过程中利用泥浆净化器进行浆渣分离，避免槽段内泥砂率过大。

（5）抓斗提离槽段之前，在槽段内上下多次反复抓槽，以保证槽段的厚度满足设计要求，以免潜孔锤钻头无法正常下入至槽底。

3. 定位潜孔锤破岩位置

抓槽深度接近中风化岩面时，在导墙上按 200~350mm 成孔间距，定位出潜孔锤破岩位置，一幅宽 6m 的地下连续墙一般采用 6 个孔。

4. 潜孔锤钻机间隔引孔

（1）先将钻具（潜孔锤钻头、钻杆）提高孔底 20~30cm，开动空压机、钻具上方的回转电机，将钻具轻轻放至孔底，开始潜孔锤钻进作业。

（2）潜孔锤施工过程中空压机超大风压将岩渣携出槽底。

（3）采用潜孔锤机室操作平台控制面板进行垂直度自动调节，以控制桩身垂直度。

5. 圆锤冲击破除引孔间硬岩

（1）采用冲击圆锤对间隔孔间的硬岩冲击破碎。

（2）冲击圆锤破岩过程中，采用正循环泥浆循环清孔。

（3）破岩完成后，对槽尺寸进行量测，保证成槽深度满足设计要求。

6. 方锤冲击修孔、刷壁

（1）采用冲击方锤对零星锯齿状硬岩残留进行修孔，以使槽段全断面达到设计尺寸成槽要求。

（2）方锤修孔前，准确探明残留硬岩的部位；其次认真检查方锤的尺寸，尤其是方锤的宽度，要求与槽段厚度、旋挖钻孔直径基本保持一致。

（3）方锤冲击修孔时，采用重锤低击，避免方锤冲击硬岩时斜孔。

（4）方锤冲击修孔过程中，采用正循环泥浆循环清孔，修孔完成后对槽尺寸进行量测，以保证修孔到位。

（5）后一期槽段成槽后，在清槽之前，利用特制的刷壁方锤，在前一期槽段的工字钢内及混凝土端头上下来回清刷，直到刷壁器上没有附着物。

7. 气举反循环清理槽底沉渣

（1）本工艺先采用成槽机抓斗抓取岩屑，再采用气举反循环清孔。

（2）在导管内安插一根长约 2/3 槽深的镀锌管，将空压机产生的压缩空气送至导管内 2/3 槽深处，在导管内产生低压区，连续充气使内外压差不断增大，当达到一定的压力差后，则迫使泥浆在高压作用下从导管内上返喷出，槽段底部岩渣、岩块被高速泥浆携带经导管上返喷出孔口。

（3）采用移动式黑旋风泥浆净化器对成槽深度到位的槽段进行泥浆的泥砂分离，并采用事先配制的泥浆置换。

（4）清渣完成后检测槽段深度、厚度、槽底沉渣硬度、泥浆性能等，并报监理工程师现场验收。

8. 钢筋网片制作、灌注混凝土

（1）钢筋网片采用吊车下入。现场吊装采用 1 台 150t、1 台 80t 履带吊车多吊点配合同时起吊，吊离地面后卸下 80t 吊车吊索，采用 150t 吊车下放入槽。

（2）在吊放钢筋笼时，对准槽段中心，不碰撞槽壁壁面，以免钢筋网片变形或导致槽壁坍塌；钢筋网片入孔后，控制顶部标高位置，确保满足设计要求。

（3）钢筋网片安放后，及时下入灌注导管，同时灌注。灌注导管下放前，对其进行泌水性试验，确保导管不发生渗漏；导管安装下入密封圈，严格控制底部位置，并设置好灌注平台。

（4）灌注槽段混凝土之前，测定槽内泥浆的指标及沉渣厚度，如沉渣厚度超标，则采用气举反循环进行二次清孔；槽底沉渣厚度达到设计和规范要求后，由监理下达开灌令灌注槽段混凝土。

（5）在水下混凝土灌注过程中，每车混凝土浇筑完毕后，及时测量导管埋深及管外混凝土面高度，并适时提升和拆卸导管；导管底端埋入混凝土面以下一般保持 2~4m，不大于 6m，严禁把导管底端提出混凝土面。

六、安全措施

1. 本工艺潜孔锤钻机由长螺旋钻机改装而成，由于设备重量大、高度大，因此，施工前应对工作面进行铺垫厚钢板等方式加固处理，防止施工过程中出现坍塌、作业面沉降等。

2. 抓斗成槽过程中，注意槽内泥浆性能及泥浆液面高度，避免出现清水浸泡、浆面下降导致槽壁坍塌现象发生。抓斗出槽泥土时，转运的泥头车按规定线路行驶，严格遵守场内交通指挥和规定，确保行驶安全。

3. 潜孔锤钻进过程中，加强对导墙稳定的监测和巡视巡查，发现异常情况及时上报处理。

4. 在潜孔锤钻机尾部采取堆压沙袋的方式，防止作业过程中设备倾倒。

5. 钢筋网片一次性制作、一次性吊装，吊装作业成为地连墙施工过程中的重大危险源之一，必须重点监控，并编制吊装安全专项施工方案，经专家评审后实施。同时，检查吊车的性能状况，确保正常操作使用;在吊装过程中，设专门司索工进行吊装指挥，作业半径内人员全部撤离作业现场。

6.在施工过程中，对连续墙附近的市政、自来水、电力、通信等各种地下管线进行定期监测，并制定保护措施和应急预案，确保管线设施的安全。

7.冲击圆锤破岩及方锤修孔时，经常检查钢丝绳使用情况，掌握使用时间和断损情况，发现异常，及时更换，防止断绳造成机械或孔内事故。

8.施工过程中，涉及较多的特殊工种，包括桩机工、吊车司机、泥头车司机、司索工、电工、电焊工等，必须严格做到经培训后持证上岗，施工前做好安全交底，施工过程中做好安全检查，按操作规程施工，保证施工处于受控状态。

9.成槽后，必须及时在槽口加盖或设安全标识，防止人员坠入。

第三节 地下连续墙成槽大容量泥浆循环利用施工技术

地下连续墙成槽施工时需采用泥浆护壁，施工过程中多采用现场开挖泥浆池的方式储存泥浆，而对于槽段开挖尺寸达（30~40）m×（1.0~1.2）m×（5.0~6.0）m（槽深 × 槽厚 × 幅宽）的超深超厚地下连续墙，单幅开挖理论方量超过150~288m³。为满足槽段泥浆循环施工，现场存储的泥浆方量需不少于500m³。如采取传统开挖泥浆池的方式，会导致大量施工场地被占用开挖，后期需要对开挖区域进行处理；同时，由于泥浆池容量大，开挖太深易产生坍塌，给现场施工安全带来隐患，现场文明作业条件差。

前海交通枢纽地下综合基坑项目地下连续墙工程，在施工过程中遇到槽段泥浆循环设置、储存方式、循环线路规划、泥浆净化处理及循环利用等难题，针对此类超深超厚地下连续墙成槽大容量泥浆循环利用问题，结合项目现场施工条件、设计要求，开展了"超深超厚地下连续墙成槽大容量泥浆循环利用施工技术"研究，形成了相应的施工工艺，取得了显著成效，实现了施工安全、文明环保、便捷经济的目标，达到了预期效果。

一、工艺特点

1.施工现场平面布置适应性好

（1）采用预制泥浆箱储存泥浆，不仅占地面积较小，且避免了现场开挖泥浆池带来的各种安全隐患和开挖给后续施工带来的影响。

（2）泥浆箱之间采用串联连接，能根据施工现场平面尺寸，横向或纵向排列布置。

2.泥浆质量有保证

（1）若干个预制泥浆箱根据功能的不同划分为待处理泥浆池、泥浆调配池和优质泥浆储存池，各池间由阀门连接，当阀门关闭时，各池保持相对独立，也使得不同性质的泥浆分开保存；当待处理泥浆池与泥浆调配池连通，待处理泥浆进行重新调配。当达到优质泥浆指标时，打开控制阀门，将优质泥浆倒入优质泥浆储存池中，这样能有效保持泥浆的优质性能，满足施工要求。

（2）通过对泥浆性能指标的监控，及时对泥浆进行处理和对各项参数进行监测调配，保证对槽段供应泥浆的质量优良，确保良好的泥浆护壁性能。

3.施工成本低

（1）由于及时对回收泥浆进行各项参数的调配优化，大大降低了泥浆的废弃率。

（2）通过对浆渣进行砂袋填装，节省了机械清理浆渣的费用，降低了施工成本，实现废物利用。

4.泥浆循环系统具有良好的可操作性和可调节性

（1）箱体外壳均用钢板压制成型，外形美观，强度高。

（2）模块化快速组合设计，适应于不同方量、规格的泥浆需求。

（3）完整的泥浆处理设备组合，适应各种复杂成槽钻孔工艺的泥浆处理要求。

（4）泥浆循环系统可按工程施工需要进行设计和配置。

二、适用范围

1.适用于深度超过30m的地下连续墙大容量泥浆施工工程。

2.适用于场地狭窄、施工平面布置紧凑的项目。

3.适用于现场文明施工要求高的项目。

4.适用于地层条件差、对泥浆护壁性能要求高的项目。

三、工艺原理

本装置整体由泥浆制配系统、泥浆存储系统、泥浆循环利用系统三部分组成，形成施工过程中泥浆的制配、存储、利用循环链。其工程原理为：整体装置为单个预制的钢质泥浆箱储备泥浆，根据地下连续墙成槽时所需泥浆量将数个泥浆箱串联连接，动态调节泥浆箱数量，避免了现场大面积开挖泥浆池；采用泥浆制配系统调配好泥浆，送入泥浆箱存储，泵入成槽段使用；灌注墙身混凝土时，回抽的泥浆经专门设置的泥浆净化器对循环泥浆进行浆渣分离，提高了泥浆质量，同时分离出的砂土经装袋后用于下一槽段钢筋笼定位后接头处的回填，节省了砂的外购费用，保证了成槽质量，实现了泥浆循环利用、节材节地、绿色文明施工。

四、工艺操作要点

1. 泥浆箱的制作与安装

（1）泥浆箱的尺寸选择

若单槽槽段泥浆总量为 200m'，现场需配置总容量为 500m' 的泥浆箱，泥浆箱数量不少于 6 个，则单个泥浆箱体积宜为 90m'，尺寸可选择为：长度 10m，截面尺寸 3m×3m。

（2）泥浆箱制作

确定单个泥浆箱尺寸后，预定制作原材 10mm 钢板、18a 型槽钢，钢板箱身连接采用二氧化碳气体保护焊接，槽钢用于箱身加固。

（3）泥浆箱安装

泥浆箱根据现场平面形状及尺寸排列，单个泥浆箱之间在箱侧底部位置预留法兰盘，通过安装对应尺寸的球阀与其他箱体连接，实现箱体之间选择性的互通。

2. 泥浆循环系统布置

（1）平整场地

为保证泥浆箱之间能较好地连接，堆放场地需进行机械平整，若土层较软，可做适量混凝土硬化处理。

（2）布置泥浆箱

布置时需对各泥浆箱的水平做好控制，以便相互良好连接，若水平无法纠正，则采用软管连接。

本项目采用 6 个泥浆箱，按功能类别分为以下三类：

待处理泥浆存储池：由两个泥浆箱组成，每个泥浆箱一侧安装一台泥浆净化器用于经过泥浆净化器处理后的回流泥浆存储，在该泥浆池存储检验各项性能指标后，流往泥浆调配池进行对应指标调剂。

泥浆调配池：由一个泥浆箱组成，与泥浆调配机及输送管连接，主要对经过泥浆净化处理后的回流泥浆进行重新调配；造浆的主要材料膨润土粉经制浆机与水充分搅拌混合成浆，当达到设计所需的性能指标参数时打开连接阀门，将调配好的泥浆短暂存储于新鲜泥浆存储池中。

优质泥浆存储池：用于短暂存储优质泥浆，保证对新鲜 / 优质泥浆存储池的及时补充。

3. 槽段泥浆回抽

（1）槽段处设置 1~2 台 3PN 泥浆泵，在成槽过程中对槽段内泥浆进行定点取样并行性能指标检测，若泥浆不能满足护壁要求，需及时回抽泥浆；槽段灌注混凝土时，置出的泥浆亦采用 3PN 泵回抽。

（2）回抽的泥浆存放在泥浆循环系统中的待处理泥浆存储池中。

4. 槽段回抽泥浆净化处理

（1）泥浆净化原理：槽段内回抽的泥浆输送至泥浆循环系统前，通过总进浆管送入泥浆箱上的泥浆净化装置中，先经过泥浆净化器的振动筛进行粗筛，将粒径在 3mm 以上的渣料分离出来，后经水力旋流器进行细筛，脱水后将较干燥的细渣料分离出来，最终净化后泥浆返回至待处理泥浆箱内。

（2）为满足地下连续墙的施工需求，泥浆净化器分别安装两台套，泥浆净化后分离出的废渣主要为粗细颗粒混杂的砂性土。

5. 优质泥浆配制、回抽泥浆性能调配及储存

（1）优质泥浆配制

泥浆配比必须满足相关标准、规则和技术规范的规定。设备采用 XHP900 制浆机，泥浆配制材料主要以膨润土、水为主，纯碱为辅，施工过程根据具体情况进行调整，泥浆配比（重量比）为膨润土：CMC：纯碱：水 =100：0.28：3.3：700，使用膨润土（粉末黏土）提高相对密度；添加 CMC 来增大黏度。

（2）泥浆性能指标测试

泥浆性能指标测试主要针对泥浆四大性能参数：相对密度、黏度、含砂率、pH 值。在不同地层的施工中，其性能参数具有明显差异。

（3）优质泥浆调配

针对泥浆性能指标测试所测的数据分析，对各性能参数做出针对性调整。泥浆调配采用专用的泥浆调配机完成。添加造浆原材料，采用优质膨润土，按一定比例混合搅拌充分后泵入泥浆箱储存。添加外加剂：CMC（羧甲基纤维素）可增加泥浆黏度，碳酸钠（Na_2CO_3）、氢氧化钠（NaOH）可调整泥浆 pH 值，pH 值宜为 8~10。

（4）优质泥浆储存

泥浆调配满足使用要求后，即存放于泥浆箱内。

6. 净化泥浆废渣装袋及循环利用

（1）净化泥浆废渣装袋

经泥浆净化器处理的泥浆分离出的浆渣主要为粗、细粒的砂土，呈颗粒状，性状较松散，含水量较高，现场专门安排人员用编织袋装袋并集中堆放。

（2）净化泥浆废渣循环利用

废渣装袋后可用于槽段钢筋网片工字钢接头两侧回填，以防止灌注时槽身混凝土绕渗，节省了废渣外运的费用和专门购砂用于灌注槽段混凝土时防绕渗的费用。

7. 优质泥浆循环至槽段内护壁

成槽过程中，当泥浆性能不能满足要求时，采用换浆调配槽段内泥浆，即从槽段

内回抽泥浆进入待处理泥浆箱内；同时，为满足槽段内孔壁稳定，须从优质泥浆储存箱内及时将同等数量的泥浆泵入槽段内。

（1）严格控制导墙施工质量，重点检查导墙中心轴线、宽度和内侧模板的垂直度，拆模后检查支撑是否及时、正确。

（2）抓斗成槽时，严格控制垂直度，如发现偏差及时进行纠偏；液压抓斗成槽过程中选用优质膨润土，针对地层确定性能指标，配制泥浆，保证护壁效果。

（3）抓斗抓取泥土提高导槽后，槽内泥浆面会下降，此时应及时从泥浆系统中回抽优质泥浆补充，保证泥浆液面满足护壁要求。

（4）严格按施工要求配制泥浆，认真督促检查成槽过程中的泥浆质量，检测成槽垂直度、宽度、厚度及沉渣厚度是否符合要求。

（5）为提高泥浆指标及性能，采用泥浆净化器对槽段内回抽泥浆进行净化分离处理。

（6）置入槽段钢筋网片后，在钢筋网片工字钢接头两侧下入泥浆净化处理后的砂袋，并予以密实，以防止槽段灌注混凝土时绕渗而影响相邻槽段成槽施工。

（7）在灌注槽身混凝土前，保持泥浆比重 1.05~1.15，确保槽段稳定。

（8）灌注混凝土时，上返的泥浆应及时回抽至泥浆系统进行待处理。

五、安全措施

1. 施工现场所有机械设备（吊车、泥浆净化器、3PN 泵）操作人员必须经过专业培训，熟练机械操作性能，经专业管理部门考核取得操作证后上机操作。

2. 机械设备操作人员和指挥人员严格遵守安全操作技术规程，工作时集中精力，谨慎工作，不擅离职守，严禁酒后操作。

3. 现场吊车起吊作业时，派专门的司索工指挥吊装作业，无关人员撤离影响半径范围。

4. 现场工作面需进行平整压实，防止泥浆箱储存泥浆后承重下陷。

5. 安装在泥浆箱顶部位置的泥浆净化器、3PN 泵应固定，防止松动坠落。

6. 泥浆箱上作业平台应设置安全防护栏，防止人员坠落。

7. 地面应设置多处上下楼梯，以方便人员上下泥浆箱操作，并设置安全扶手。

8. 夜间作业，泥浆箱平台应设置足够的照明设施。

第四节　地下连续墙超深硬岩成槽综合施工技术

地下连续墙作为深基坑最常见的支护形式，在超深硬岩成槽过程中，传统施工工艺一般采用成槽机液压抓斗成槽至岩面，再换冲孔桩机圆锤冲击入岩、方锤修槽；当成槽入硬质微风化岩深度超过 5m 时，冲击入岩易出现卡钻、斜孔，后期处理工时耗费大，冲孔偏孔需回填大量块石进行纠偏，重复破碎，耗材耗时耗力，严重影响施工进度。

近年来，前海交通枢纽地下综合基坑项目地下连续墙工程，针对施工现场条件，结合实际工程实践，开展了"地下连续墙超深硬岩成槽综合施工技术"研究，通过采用潜孔锤钻机预先引孔降低岩体整体强度，大大提升了冲击破岩的施工效率，再结合利用改进后的镶嵌截齿液压抓斗修槽等技术，达到快速入岩成槽的施工效果，取得了显著成效，并形成了新工法。

一、工艺特点

1. 破岩效率高

本工艺岩石破碎分两步进行：先是利用小型潜孔锤钻机进尺效率高和施工硬质斜岩时垂直度好的特点，对坚硬岩体进行预先引孔，使岩体"蜂窝化"，降低岩石的整体强度；再采用冲孔桩机冲击破岩，进尺效率提升 5~8 倍，降低了焊锤修锤的劳力和材料损耗，减少了回填块石纠偏纠斜，大大提高了工作效率。

2. 利用改进液压抓斗修槽质量好

本工艺通过对传统液压抓斗进行改进，卸除液压抓斗原有的抓土结构，重新制作截齿板和新增定位垫块，通过液压装置使抓斗进行密闭张合，充分发挥出截齿对槽壁残留齿边的破除和抓取，确保了修槽满足设计要求。

3. 现有设备利用率高

本工艺针对地下连续墙超深硬岩成槽传统施工工艺中液压抓斗在抓取上部土层后设备长期闲置的现象，提出改进液压抓斗，保持设备持续投入后期修槽，提高设备的利用率。

4. 无须更新大型施工设备

本工艺通过充分利用小型潜孔锤钻机，改进液压抓斗等施工设备的优点，实现了快速破岩的施工效果，无须更新高成本的旋挖机硬岩取芯或双轮铣破岩等大型施工设备。

5.综合施工成本低

本工艺相比传统冲孔桩机直接冲击破岩成槽的施工工艺，大大缩短了成槽时间，进一步减少了成槽的施工配套作业时间和大型吊车等机械设备的成本费用；相比大型旋挖机、大直径潜孔锤破岩成槽的施工工艺，在成槽施工成本上体现了显著的经济效益。

二、适用范围

1.适用于成槽入硬岩或硬质斜岩深度超 5m 的地下连续墙成槽施工；硬岩是指单轴抗压强度大于 30MPa 的岩体，斜岩是指岩层层面与水平面夹角大于 25° 的岩体。

2.适用于工期紧的地下连续墙硬岩成槽施工项目。

三、工艺原理

本工艺包括槽底岩石的预先引孔、冲击锤岩体破碎成槽、改进后的液压抓斗修槽等关键技术。

1.岩石破碎机理

（1）预先引孔

本工艺利用潜孔锤钻机在硬岩中进尺速率高、垂直度好的优势和特点，再采用定位导向板来确定孔位间的平面布置，对拟破碎的岩体进行预钻直径为 110mm 的小直径钻孔，使岩体"蜂窝化"，降低岩石的整体强度。

（2）硬岩冲击破碎

槽底硬岩在预引孔后，利用冲孔桩机冲击重锤自由下落的冲击能破碎岩体，因岩体已呈"蜂窝"状，在"蜂窝"处容易出现应力集中，硬岩整体强度被大幅度缩减，达到快速破岩的效果。

（3）斜岩冲击破碎

如槽底岩石为斜岩面，则采取回填硬质块石找平槽底面后，利用冲锤自由下落的冲击能破碎岩体；冲击时，应控制好冲锤落锤放绳高度；修孔时，需反复回填、冲击，直至达到槽底硬岩全断面入岩深度满足设计要求。

2.抓斗修槽

（1）改进液压抓斗

为了更好地发挥抓斗的能力，本工艺采用专门研发的改进液压抓斗，在抓斗四周镶嵌硬合金截齿，提升抓斗破除槽壁的残留岩体齿边的能力，达到快速修槽的效果。

（2）液压抓斗修槽

本工艺液压抓斗完成修槽主要是依靠原有液压抓斗上定位导向板和新加的定位垫块对抓斗进行导向定位，再通过液压装置使液压抓斗进行张合，在抓斗张合的过程中，镶嵌在抓斗上的截齿对槽壁的残留齿边岩体进行破除和抓取。

四、操作要点

1. 潜孔锤预先引孔

（1）按照孔位设计布置图制作定位导向板，将其固定在作业面上，采用小型潜孔锤钻机预设套管定位，确保孔位的空间位置。

（2）若在完成岩体上部土层抓取后再进行预先引孔，需在定位导向板下方设置2~3m的导向筒对套管预设进行导向，导向筒与导向板之间采用焊接连接，套管直径比导向筒直径小20~50mm，防止套管上部因槽中泥浆紊流引起的晃动，对套管定位起到保护作用，确保预设套管的垂直度。

2. 冲击破碎

在预先引孔完成后，应先采用液压抓斗对岩体上部土层进行抓取，再投入冲孔桩机进行岩体冲击破碎。正式冲击破碎前，还应提前完成冲击主、副孔位置的布置，并在导墙上做好标记，以便桩机就位准备，保证冲击效率。

如槽底硬岩为斜岩时，则先向槽中对应位置回填适量块石找平，再采用冲锤低锤重击，开始进行冲击破碎工作。有必要时，采用反复回填、冲击，直至入槽满足设计要求。

3. 液压抓斗改进

（1）改装液压抓斗的抓取结构

1）将液压抓斗原有的抓土结构卸除，重新制作新的抓取结构。

2）以4cm钢板作为截齿镶嵌胎体，镶嵌角度选择36°，制作6个液压抓斗与槽壁或岩石接触边缘长度对应的抓齿板。

（2）增设定位平衡垫块

1）本工艺为确保修槽质量，在液压抓斗上增设定位垫块，使之与液压抓斗上部原有的双方向（X方向：平行于地下连续墙轴线方向；Y方向：垂直于地下连续墙轴线方向）定位导向板协同工作，调整液压抓斗在槽中的空间位置。

2）将制作完成的抓齿板焊接在与之对应的抓斗边缘上，将两相邻的抓齿板处于同一平面，以确保最优的修槽效果。

（3）抓斗修槽在冲孔桩机冲击破岩至设计槽底标高后，采用改进后的新型液压抓斗进行修槽，对槽壁残留齿边岩体进行破除和抓取。

五、质量控制措施

1. 严格控制引孔施工质量，重点检查导向板位置定位，确保施工时无较大位移；预设套管时，应严格控制下钻速度；若遇土层较厚时，应在导向板下方设置相应长度的导向筒。

2. 预先引孔时，严格控制垂直度，在钻进岩石硬度变化接触面时，应适当减小钻压；在钻进过程中，若发现偏差应及时采取相应措施进行纠偏。

3. 引孔完成施工后，需对孔中泥浆进行简易除砂处理，保证后续冲孔桩机冲击破岩的效率。

4. 冲孔桩机冲击破岩时，需根据冲孔位置校正冲孔桩机位置，注意协调各冲孔间的位置关系；在冲击过程中，若遇斜岩时，因采取"低锤重击"的方式冲击，采取措施后效果仍不理想时，应回填适量块石对该斜岩面进行冲击破碎。

5. 改进抓斗修槽时，在对槽壁岩体进行破除后，应对孔中残留岩体进行抓取后再将抓斗提起。

6. 为保证成槽尺寸符合设计要和钢筋网片吊装顺利，在加焊定位垫块时，需注意抓斗斗体的外形尺寸符合地下连续墙设计墙厚。

7. 在抓斗修槽过程中应随时观察成槽机可视化数字显示屏，分析和了解液压抓斗在槽中的空间位置，及时通过液压抓斗上的定位导向板可选择性双方向顶推进行液压抓斗的位置调整，以确保修槽质量。

8. 在液压抓斗修槽完成和抓取孔底岩块后，为保证最终成槽质量后，应进行清孔，调整槽中泥浆指标符合混凝土灌注标准。

六、安全措施

1. 施工现场所有机械设备（吊车、泥浆净化器、3PN泵）操作人员必须经过专业培训，熟练机械操作性能，经专业管理部门考核取得操作证后上机操作。

2. 机械设备操作人员和指挥人员要严格遵守安全操作技术规程，工作时集中精力，谨慎工作，不擅离职守，严禁酒后操作。

3. 现场吊车起吊作业时，派专门的司索工指挥吊装作业，无关人员撤离影响半径范围。

4. 夜间作业，预先引孔施工处应设置足够的照明设施。

5. 机械设备发生故障后应及时检修，严禁带故障运行和违规操作，杜绝机械事故。

6. 施工现场操作人员登高作业，要求现场操作人员做好个人安全防护，系好安全带；电焊、氧焊特种人员佩戴专门的防护用具（如防护罩）。

7. 制作抓齿板和增设定位垫块时焊接由专业电焊工操作，正确佩戴安全防护罩。

8. 在进行潜孔锤引孔时，应注意钻机作业平台有无坑洞，更换和拆卸钻具时，前后台工作人员应做好沟通，切勿单人操作。

9. 在日常安全巡查时，应对冲孔桩机钢丝绳以及用电回路进行重点检查。

10. 在冲击过程中，若遇冲锤憋卡现象，切勿使用冲孔桩机提升卷扬强行起拔。

第七章　地质环境监测技术及问题防治措施

地质环境监测主要分为地下水动态监测、地质灾害监测及自然地质保护区地质环境监测。重庆岩溶地区地下工程施工造成的地质环境问题最严重的是地下水环境问题和岩溶塌陷问题，应在影响区开展地下水环境动态监测和岩溶塌陷监测。

地下水环境动态监测的目的是进一步查明水文地质条件，特别是地下水的补给、径流、排泄条件，掌握地下工程施工前后地下水的动态变化规律，为水环境问题的防治和研究提供依据。其监测内容主要有：地下水水位监测、水量监测、水质监测、水温监测等。监测方法主要有人工监测和自动监测两大类。

岩溶塌陷的产生在时间上具有突发性，在空间上具有隐蔽性，在机制上具有复杂性，因此被普遍认为难以采取地面常规监测手段对塌陷进行监测预报。实际工作中需监测土洞发育、岩土体变形及塌陷坑边缘、分布等重要信息，因此要将监测点密集地布置在土洞边缘，而监测线则需桥式地跨越土洞上方，以防出现监测漏失。岩溶土洞（塌陷）常规的监测主要采用接触式监测方法，通过周期性地监测地表或地下变形量来预报塌陷。目前常用的技术方法有：岩溶管道系统水（气）压力监测技术、光导纤维监测技术、地质雷达等。

第一节　地下工程地下水环境动态监测技术

1. 监测点网布设原则

（1）岩溶山区地下工程地下水环境监测范围与水文地质环境调查范围一致。

（2）监测工作应按水文地质单元布置。

（3）监测工作应充分考虑地下水的流向（垂直与水平流向）布置监测点。

（4）监测点网布设能反映地下水补给源和地下水与地表水的水力联系，对与岩溶地下水有水力联系的地表水体也应进行监测。

（5）监测点网不要轻易变动，尽量保持地下水监测工作的连续性。

在实时监测和跟踪监测阶段，还应根据涌水情况，补充主要的涌水点作为监测点，地下工程进出口端的总排水口也应进行监测。

2. 监测指标

根据地下施工对岩溶地下水可能带来的潜在环境影响，在背景监测阶段应对水量（井、泉、暗河）、水位（水文地质勘探钻孔、地表水体）、水化学简分析、同位素、水质等进行监测。

地下水水质监测分析方法按照国家标准《生活饮用水卫生标准检验方法》（GB/T-5750-2006）和《水和废水监测分析方法》（第四版）有关规定进行。

3. 监测时段与频率

鉴于岩溶地下水的敏感性，监测时段宜从地下工程施工前（至少一个水文年）一直延续至建成后，地下水动态稳定之后至少一个水文年，气候异常时应延长监测时间。

在背景监测阶段，应分别对一个连续水文年的枯、平、丰水期的地下水的各项指标各监测一次，若在现阶段已经存在较明显的环境水文地质问题，则应加大监测频率与时间。

第二节　岩溶塌陷监测技术

1. 监测方法

（1）岩溶管道系统水（气）压力监测技术

研究与实验表明，当水（气）压力变化或作用于第四系底部土层的水力坡度达到该层土体的临界值时，第四系土层就会发生破坏，进而产生地面塌陷。

岩溶管道系统水（气）压力监测技术采用岩溶管道裂隙系统中水（气）压力变化速度和作用于第四系底部土层的水力坡度为塌陷指标，监测系统主要由埋藏于观测井中的压力传感器和与其连接的数据自动采集系统组成。

（2）光导纤维监测技术

光导纤维监测技术也称为布里渊散射光时域反射监测技术，是一种不同于传统监测方法的全新应变监测技术。其原理是当单频光在光纤内传输时会发生布里渊背向散射光，而布里渊背向散射光与应变和温度成正比，在温差小于5℃时，可以将温度影响忽略不计。

岩溶管道系统水（气）压力监测技术主要用于监测隧道沿线两侧范围内潜在的岩溶塌陷、沉降发生区，而光导纤维监测技术则主要用于监测隧道上方地表的塌陷、沉降。岩溶山区隧道工程地表岩溶塌陷、沉降的监测应结合两种监测技术，以提高监测预报的可靠性。

（3）地质雷达监测技术

地质雷达又叫探地雷达，我国在 20 世纪 90 年代引进这一技术，广泛应用于公路、铁路沿线及地质灾害易发地区的监测工作。其原理是通过发射端向地面发射高频电磁波，电磁波通过不同地面介质的反射波的形状是不同的；在接收端接收这些不同形状的反射波，反映到雷达图上，就可以分析地下的情况。当有土层扰动或溶洞（土洞）时，解析的雷达图上可以发现与周围介质的图像有明显的差异。地质雷达可以监测土层扰动或溶洞的发育变化过程。

经过多年的实际应用推广，地质雷达在岩溶塌陷监测中的应用已十分广泛。其优点主要有：技术成熟，应用范围广；能定期监测溶洞的变化；对线性工程监测效果最好，如公路，铁路等；操作布设相对简单。

而不足之处主要有：受场地周边电磁波干扰大，影响探测效果；不能直接读取数据，需要专业人士分析数据，而且会出现多解性的情况；探测深度有限。

2. 监测点布置

监测点布设应以突发岩溶塌陷的安全监测为主，兼顾抢险设计、施工和科研的需要。

（1）岩溶管道系统水（气）压力监测点应布置于地下工程地下水疏干影响范围内，地下岩溶管道发育，地表为第四系土层覆盖的区域。在上述区域内，监测点着重布置于如下部位：已查明的岩溶管道上方；断层破碎带；地下水强径流带；背斜轴部与倾伏端；向斜核部与扬起端。岩溶塌陷动力监测应充分利用现有水井、泉点、钻孔、基坑等开展监测工作，必要时，应通过钻探快速成孔，且雨量监测点不少于 1 个。

（2）光导纤维监测仅需沿地下工程轴线将光纤埋设于第四系地层中，光纤连接上数据接收器即可对地下工程上方潜在的岩溶塌陷、沉降进行监测。

3. 监测时间与频率

岩溶塌陷、沉降的监测工作应从施工前至少 1 个水文年开始，直至周边地下水动态连续 3 个水文年变化相对稳定后方可结束。隧道施工前的监测主要是为了查明施工期状态下岩溶塌陷、沉降发生的敏感区，并提前采取防治措施，以免施工开始后产生严重灾害。

岩溶管道系统水（气）压力监测技术和光导纤维监测技术均可采用数据自动采集技术，可实现实时监测，控制监测频率十分方便。一般监测的时间间距为 1 小时一次，如遇到隧道揭露集中排水点、隧道涌水量突增、暴雨、干旱等情况，可将监测频率提高至 10 秒钟一次。

第三节　爆破振动监测

1. 在运用爆破方法进行地下工程开挖建设中，若周边有危岩以及重要建（构）筑物时，要进行爆破振动监测。

2. 监测中应以振速峰值来衡量爆破地振动强度，并要求爆破振动强度应小于危岩、滑坡、建（构）筑物允许振动强度安全指标，若超过安全指标，应根据监测结果及时调整爆破参数和施工方法，制定防振措施，指导爆破安全作业，减少或避免爆破振动的危害。

3. 在选择仪器时，应尽量选择装配有能够同时监测多个爆破振动参数的数据采集系统，如能同时监测点振速、加速度以及振动频率等振动参数。

4. 爆破振动监测分为洞内新开挖硐室围岩稳定性监测、既有硐室结构振动监测、洞外危岩及建（构）筑物监测三部分。

5. 在新开挖隧道的迎爆面边墙沿横向布置三个测点，其他测点根据工程实际需要及业主要求进行布置；在既有硐室结构的关键部位布置测点；对于危岩，可以设置在主控结构面附近，建（构）筑物布置在代表性裂缝附近，在监测振动数据的同时用简易量测方法或仪器定期自动连续测量。

6. 根据国家标准《爆破安全规程》（GB-6722-2011），对爆破振速进行控制，进行正规循环爆破前应进行爆破试验，试验爆破时为每炮监测，施工方依据监测数据进行参数调整，直到得到合适的爆破参数。

第四节　地下工程地质环境监测新技术

1. 地下工程围岩变形监测是施工监控量测的重要项目，位移收敛值是最基本的量测数据，通过对围岩变形及其速度进行测量，以掌握围岩内部变形随时间变化的规律，从而判断围岩的稳定性，为确定二次支护的时间提供依据，以保证结构总变形量在规范允许值之内，更好地用于指导施工。

2. 围岩变形监测分为周边水平净空收敛量和拱顶的竖向沉降量，水平净空收敛测量主要采用收敛计，拱顶下沉采用普通水准测量。

3. 监测断面纵向间距取 10~40m，每断面布置 2 个或 3 个测点，通常在围岩所处地质条件较差（围岩级别大于 IV）或在穿越特殊构造带的地方应缩小断面间距，从密布点。

4. 围岩表面位移观测点的埋设采用钢筋混凝土钻孔浇筑而成，埋没深度不小于 0.2m。测点在观测断面距离开挖面 2.0m 的范围内埋设，并在当次爆破后及下次爆破前的 24h 内测读初始读数。

5. 初测收敛断面应尽可能靠近开挖面，距离宜为 1.0m，收敛测桩应牢固地埋设在围岩表面，其深度不宜大于 20cm；收敛测桩在安装埋设后应注意保护，避免因测桩损坏而影响观测数据的准确性。

6. 为了减少观测时的人为误差，观测时应尽可能由固定人员和观测设备操作，并测读三次取其平均值，以保证观测精度。

7. 在隧道洞口段施工，或地质条件变差、量测值出现异常情况时，量测频率应加大；必要时 1h 或更短时间量测一次；对于地质条件好且位移收敛稳定的隧道，可加大断面间距；对于围岩较差，位移收敛长期不稳定时，应缩小量测断面的间距。

8. 拱顶下沉量测也属于位移量测，通过测量观测点与基准点的相对高差变化量得出拱顶下沉量和下沉速度，其量测数据是判断支护效果、指导施工工序、保证施工质量和安全的最基本资料。拱顶下沉监测值主要用于确认围岩的稳定性，事先预报拱顶崩塌。

9. 拱顶下沉监测可采用精密水准仪、铟钢尺及钢挂尺测量观察点与基准点之间的高差。拱顶下沉测点的布置应与周边位移收敛一致，位于同一断面上。

第五节　地质环境问题防治措施

1. 完善科学研究体系

在发生地质灾害后，要迅速建立起应急方案，有利于减少损失。政府部门要安排人员开展救援工作，在现场进行正确指导，保证人们生命财产安全。建立完善的科学技术研究体系，在地质灾害防治中，运用先进技术可以解决遇到的问题，进一步优化工作效果。技术可以为监测预警系统研发、灾害原因和应急模式模拟、灾后重建工作、环境恢复等方面提供有力支持。发挥出人才资源优势，加大对科学技术研究的投入资金，具备完善的基础设施，攻克过程中遇到的难题。发挥出先进技术的优势，将其有效运用到地质灾害防治中去，有利于提升整体工作水平。

2. 设置地质灾害警报系统

危险性大的区域以及危险性大的地质灾害点设置预警预报系统（监控地质灾害区域的降雨量等，地质灾害点的位移、地面沉降、附近的工程活动等），危险性一般的区域加强巡查。在地质灾害地区设置警报装置是地质灾害体系建设的重要内容，地质灾害警报装置设置需要在技术和管理两个层面做好相关工作。首先，在警报装置的技术层面，主要是通过现代监控技术、视频通信技术等实时监测技术对地质灾害的相关信息进行收集，并且将监控地区的相关信息及时地反馈给相关部门，当地质灾害发生的时候，能够第一时间发出灾害预警。其次，在地质灾害警报设置的管理层面，主要包括两个方面的内容，一方面是通过技术层面反馈和传递的信息要进行科学的分析和辨别，也就是要对相关数据和信息进行管理。另一方面，主要是加强地质灾害警报的人为管理，也就是安排专人负责当地的地质灾害预警工作，一般是安排当地的居民作为地质灾害观察员，通过技术和人为两个方面的结合来对地质灾害形成全方位的、科学的预警管理体系。

3. 调查区划建设

为了确保有效防治地质灾害，先要对区域进行科学合理划分，这样会更加具有针对性。对周边地质界线进行勘察，预测灾害的危险程度，进行全面的分析。了解不同区域地质灾害的危害性和可能性，制订与之对应的方案，配合相关部门采取好预警应急措施。我国有着多种地形，包括高原、山地、平原、丘陵等，灾害类型和发生频率是不一样的，所以要坚持具体问题具体分析原则，对于不同区域展开研究，总结出地质灾害的相关信息，作为防治策略制定的参考依据。调查区划建设，让地质灾害防治工作更加明确，保证能够取得良好效果。

4. 地质环境利用体系建设

（1）工程地质环境安全建设

首先，要对工程地质环境的相关信息和地质环境影响因素技能型分析，全面、充分地了解工程地质环境的风险类型，以此为依据建设安全的工程地质环境，同时要做好工程地质环境稳定性评价，避免地质灾害的反复发生。其次，要动态考虑人为因素在地质灾害和地质环境利用方面的影响，及时发现问题。另外，在工程地质环境安全建设方面，要用一种持续发展的观念来分析工程地质环境的稳定性，这样才能够确保地质环境利用的有效性。另外，为了更加全面地对地质环境情况进行考察，除了地质环境本身之外，还要对相关的要素进行调查和分析，比如工程建设安全评估、建设工程所在区域的地质环境安全评价、建设工程单位地质安全评价等，同时要关注工程建设当中的相关标准和规范。

（2）区域地质环境的利用

要立足于区域实际情况，充分考虑基础性、公益性、服务性的特点，采用有效手段进行地质勘查和环境调查，对地质环境情况有全面了解。相关部门的评价要体现出实用性、可操作性等，是真实情况的反映，在不断改进中完善。区域地质环境体系建设应该包括工程地质环境质量、地质环境中的工程容量评价、工程功能的区域划分、灾害防治的调控四个方面。对不同区域地质环境特征评价的时候，要选择合适的策略，确保达到很好效果，解决实际中遇到问题。地质环境利用可以发展经济建设项目，走可持续发展道路，降低灾害发生的概率。

（3）构建工程地质环境安全

工程地质环境安全是指和环境有关的地质信息、区域内外等环境存在的风险性。做好工程安全评价工作，可以最大限度地避免灾害产生的不利影响。在开发利用自然环境的时候，要坚持人与自然和谐相处的理念，才能发挥出资源的最大作用。在构建工程地质环境安全体系中，要学会用发展的眼光去看待问题，对自然环境进行开发利用，不仅可以促进经济发展，还能够起到保护作用。对收集信息进行整合、处理、分析，建立完善的地址环境安全体系，后期进行规范化建设，有利于提高地质环境开发利用效率，减少地质灾害的发生，创建和谐自然环境。

参考文献

[1] 刘旭东.岩土工程勘察设计与施工一体化的实现途径[J].四川建材,2022,48(2):133-134.

[2] 张鹏.勘察技术在岩土工程施工中的应用[J].居舍,2022(3):45-47.

[3] 闫兵兵.深基坑工程岩土工程勘察的重点及对支护施工的影响研究[J].中国住宅设施,2021(12):42-43.

[4] 夏飞跃.岩土工程勘察与基坑施工设计研讨[J].世界有色金属,2021(22):210-211.

[5] 曾佑宗.浅谈安全系统工程在岩土工程勘察施工中的作用[J].世界有色金属,2021(19):164-165.

[6] 魏飞,花凯生.岩土工程勘察对基坑支护施工的影响[J].智能城市,2021,7(17):123-124.

[7] 李映,卞晓卫,周以林.简谈岩土工程勘察设计与施工中水文地质问题[J].大众标准化,2021(17):37-39.

[8] 魏强.岩土工程勘察对基坑支护施工的影响研究[J].中国金属通报,2021(8):152-153.

[9] 庄严,李熹.岩土工程勘察对基坑支护施工分析[J].低碳世界,2021,11(6):97-98.

[10] 廖焱.勘察技术在岩土工程施工中的应用[J].中国建筑装饰装修,2021(4):122-123.

[11] 卢超.岩土工程勘察对基坑支护施工的影响及对策研究[J].四川水泥,2021(4):164-165.

[12] 张晓瑞.岩土工程勘察对基坑支护施工的影响探析[J].江西建材,2021(2):135-136.

[13] 曹加乔.岩土工程勘察设计与施工一体化的实现途径[J].工程技术研究,2021,6(4):228-229.

[14] 肖磊.岩土工程勘察设计与施工一体化模式研究[J].西部资源,2021(1):115-117.

[15] 史小鹏.探讨岩土工程勘察与地基施工处理技术 [J].中华建设，2021（1）：137-138.

[16] 韩素军.岩土工程勘察与地基施工处理技术 [J].居舍，2020（35）：81-82.

[17] 曾梦笔.岩土工程勘察与地基施工处理技术探讨 [J].工程技术研究，2020，5（18）：106-107.

[18] 纪辉.岩土工程勘察技术在地基工程施工中的应用 [J].建筑安全，2020，35（9）：26-28.

[19] 陆双.岩土工程勘察对基坑支护施工的影响分析 [J].冶金与材料，2020，40（04）：125-126.

[20] 都厚远，戈爽，张云鹤.岩土工程勘察与地基施工处理技术研究 [J].科技风，2020（22）：112.

[21] 王志强.岩土工程勘察设计与施工中水文地质问题的研究 [J].长江技术经济，2020，4（S1）：8-9.

[22] 邱瑞军.岩土工程勘察设计和施工过程中的水文地质问题研究 [J].建筑技术开发，2020，47（13）：23-24.

[23] 何兴鹏.浅析岩溶地区岩土工程勘察施工技术 [J].西部资源，2020（4）：126-128.

[24] 廖亚楠.复杂地质条件下岩土工程勘察设计与施工的质量控制因素分析 [J].世界有色金属，2020（11）：159-160.

[25] 王学谦.岩土工程勘察对基坑支护施工的影响 [J].四川水泥，2020（5）：285.

[26] 赵岩.岩土工程勘察对基坑支护施工的影响分析 [J].四川水泥，2020（5）：303.

[27] 陈永，徐晓明.水文地质岩土工程勘察设计及施工的研究 [J].中国金属通报，2020（5）：170-171.

[28] 陈祥生.岩土工程勘察与地基施工处理技术探讨 [J].建材与装饰，2020（10）：216-217.

[29] 米永超.岩土工程勘察对基坑支护施工的影响分析 [J].建材与装饰，2020（7）：253-254.

[30] 芦霁.岩土工程勘察设计与施工中水文地质探究 [J].科学技术创新，2020（7）：111-112.

[31] 李江波.岩土工程勘察对基坑支护施工的影响研究 [J].工程与建设，2020，34（1）：98-99+108.

[32] 宋佳旺.岩土工程勘察与地基施工处理技术探讨 [J].四川建材，2020，46（2）：71+75.

[33] 华放.岩土工程勘察与地基施工处理技术 [J].世界有色金属，2020（3）：222-

223.

[34] 陈豪. 岩土工程勘察设计与施工中水文地质问题探析 [J]. 世界有色金属，2020（3）：239+241.

[35] 毛政跃. 岩土工程勘察对基坑支护施工的影响分析 [J]. 工程建设与设计，2020（2）：19-20.

[36] 王丽洁. 关于岩土工程勘察施工单位企业文化建设的思考 [J]. 中外企业家，2020（2）：161.

[37] 孙占军. 岩土工程勘察与地基施工处理技术 [J]. 建材与装饰，2020（2）：224-225.

[38] 纪春芳. 勘察技术在岩土工程施工中的应用研究 [J]. 湖北农机化，2019（24）：93.

[39] 杨焕仙. 矿山施工中岩土工程勘察技术的难点研究 [J]. 世界有色金属，2019（20）：264+266.

[40] 关海波. 岩土工程勘察设计与施工中地质问题研究 [J]. 住宅与房地产，2019（25）：88+123.